城市植物探险队

[韩] 孙连住　[韩] 朴玟志　[韩] 安炫祉　著
王琳　译

图书在版编目(CIP)数据

城市植物探险队 / （韩）孙连住，（韩）朴玟志，（韩）安炫祉著；王琳译．—杭州：浙江文艺出版社，2024.5

ISBN 978-7-5339-7566-1

Ⅰ.①城… Ⅱ.①孙… ②朴… ③安… ④王… Ⅲ.①植物—少儿读物 Ⅳ.①Q94-49

中国国家版本馆CIP数据核字(2024)第078301号

责任编辑 周琼华 童潇骁 **装帧设计** 吕翡翠
责任校对 牟杨茜 **营销编辑** 周 鑫
责任印制 吴春娟

城市植物探险队

[韩]孙连住 [韩]朴玟志 [韩]安炫祉 著 王琳 译

出版发行 浙江文艺出版社
地　　址 杭州市体育场路347号
邮　　编 310006
电　　话 0571-85176953(总编办)
0571-85152727(市场部)
制　　版 杭州天一图文制作有限公司
印　　刷 杭州富春印务有限公司
开　　本 710毫米×1000毫米 1/16
字　　数 85千字
印　　张 7.5
版　　次 2024年5月第1版
印　　次 2024年5月第1次印刷
书　　号 ISBN 978-7-5339-7566-1
定　　价 39.80元

目录

隆重介绍植物熊博士！

大家好！我是植物熊博士！
很高兴认识大家！

很高兴认识大家！

每天回家、上学、去兴趣班的路上你都会想些什么呢？

那些被踩踏还依旧坚挺不倒的植物，时常能给我很多勇气。

每次看到荠菜花，都能感受到春天的气息。

我还会收集飞散在空中的种子，
这让我一天都过得非常开心。
啦啦啦啦
（唱歌）

这么有趣的植物探险，怎么
能不叫上大家一起呢！

植物探险队队员
招募中
于是我鼓足勇
气，开始招募植
物探险队队员。

终于，我遇到了“橡果”，然后组成
了探险队，取名“城市植物探险队”。
我是
橡果！
我是
熊！

出发！
好！从现在开始，大家跟
城市植物探险队一起去植
物探险吧！

植物探险必需品

完成准备后，熊博士的样子！

这些必需品都是很常见的东西！

首先要准备好做记录的东西。
笔记本和铅笔！
相机
手机

这样才能在观察的同时及时记录下重要信息以及心里的疑问。
2000.
只要是能用来做记录的东西，什么都可以。

还有用来收集探险时发现的种子、叶子的容器，也是必须准备的。
透明的空桶
密封袋

当然也少不了用来装这些必需品的背包啦！

但不管怎样，最重要的还是要有一颗超级享受探险过程的心！

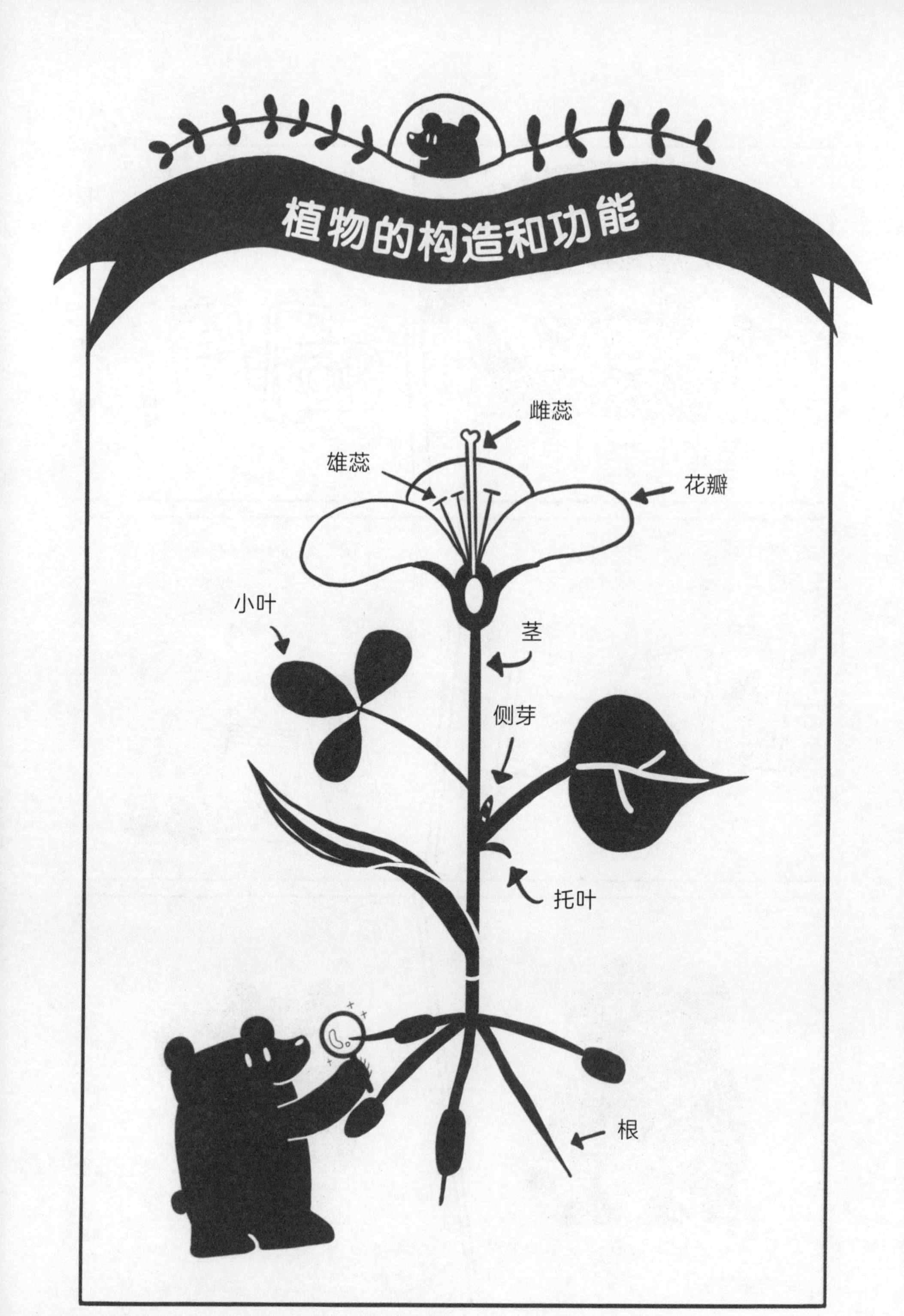
植物的构造和功能
雌蕊
雄蕊
花瓣
小叶
茎
侧芽
托叶
根

植物探险当然要先了解植物的结构，
以及各部分的名称和功能。

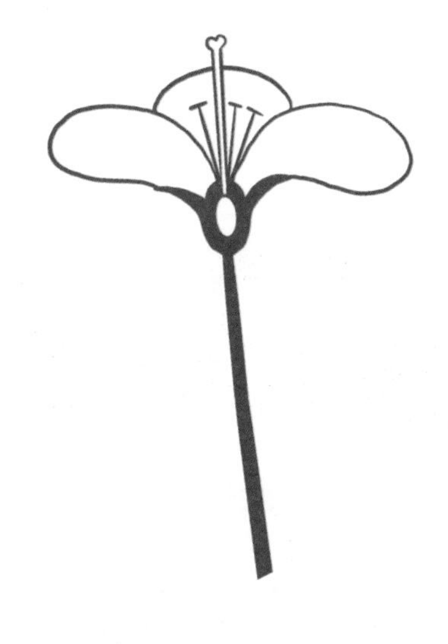

花

花是植物的繁殖器官，雄蕊的花粉附着在雌蕊的过程叫作“授粉”。完成授粉之后就会长出果实和种子。种子会再发芽，开花，结果。

茎

茎是根将吸收到的水和养分输送到花和叶子的通道，同时也起到了支撑植物的作用。

* 侧芽：长在茎和叶子的连接处，像是叶子腋窝里的小芽。

叶子

叶子中的叶绿体利用光能将水和二氧化碳合成植物生长必不可少的营养物质葡萄糖并释放氧气，这就是光合作用。

叶绿体中的叶绿素是绿色的，所以植物的叶子也是绿色的。

* 小叶：同一叶柄上生出的，由几片叶片组成的复叶叫作“小叶”。
* 托叶：叶柄下面长出的小小的叶子。

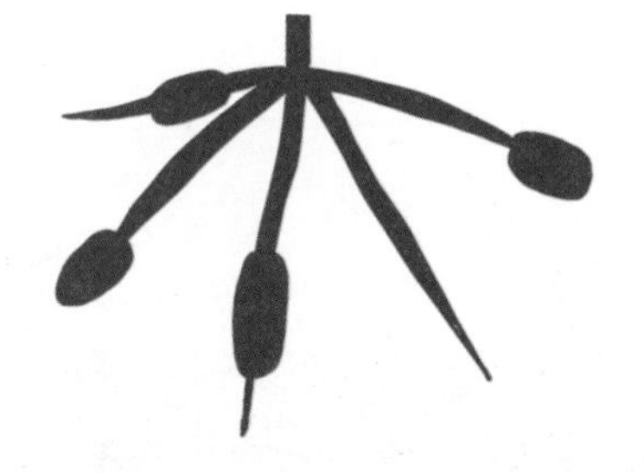

根

根可以为植物提供支撑，防止植物倾倒，也为植物提供生长所需的水和养分。除此之外，根还能储存养分。

各种植物的一生
春
夏
新芽
一年生植物
二年生植物发芽之后长出叶子，要到冬天过了之后，下一年才会开花。
花
原来你从去年就开始准备开花了啊！
二年生植物
花
只剩下根
多年生植物

一粒种子，发芽，生长，开花，结果，
然后果实的种子再发芽，这就是植物的一生。

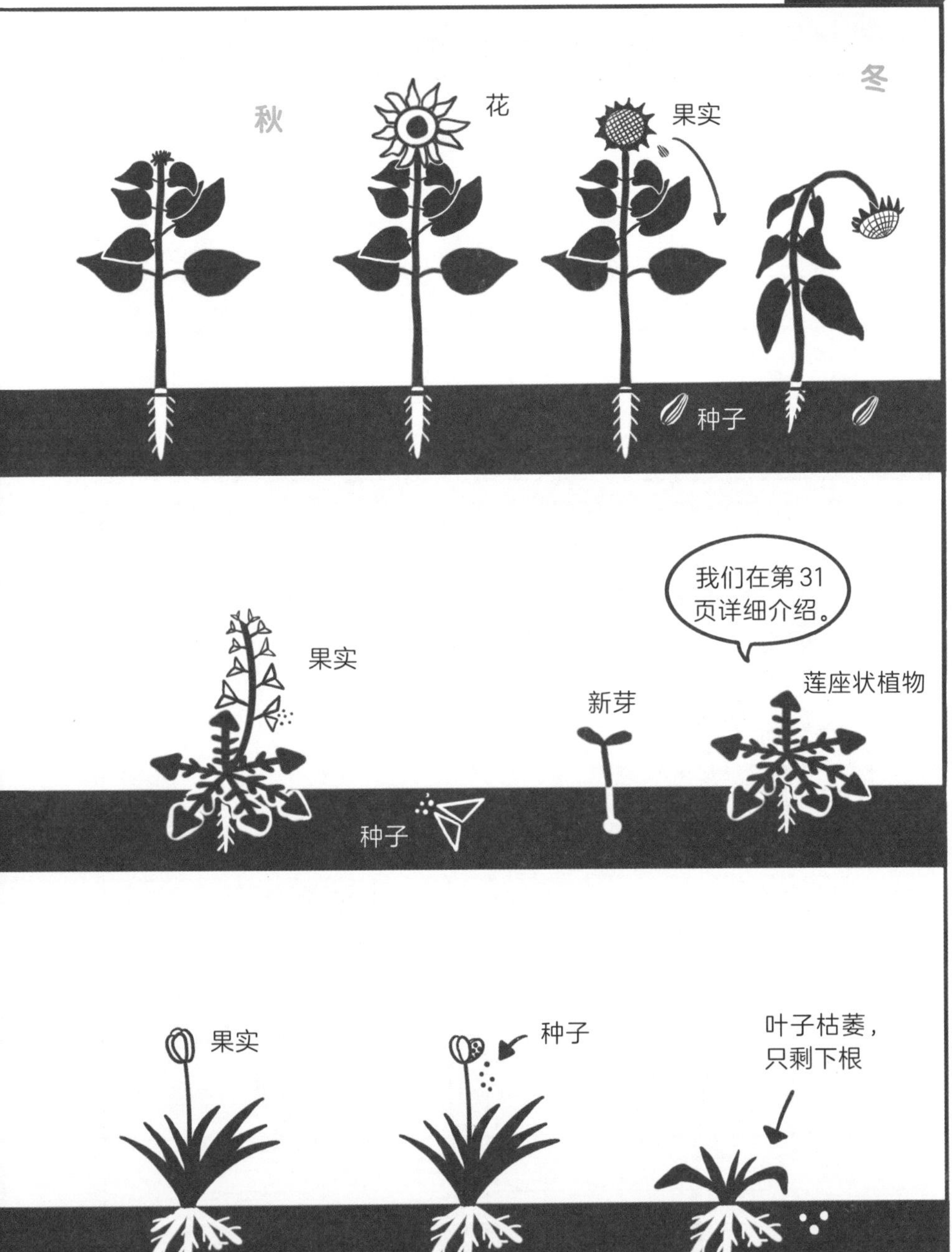

其实不是一朵！
哇！我收到的这束花里，有一朵花开了！熊博士，这朵花叫什么名字啊？
噢！原来是紫菀花啊！但那不是一朵而是一束哦！

啊？可怎么看都是一朵啊？
您看！这不是一朵吗？
原来熊博士也有出错的时候啊！
没有错……你听我跟你说。

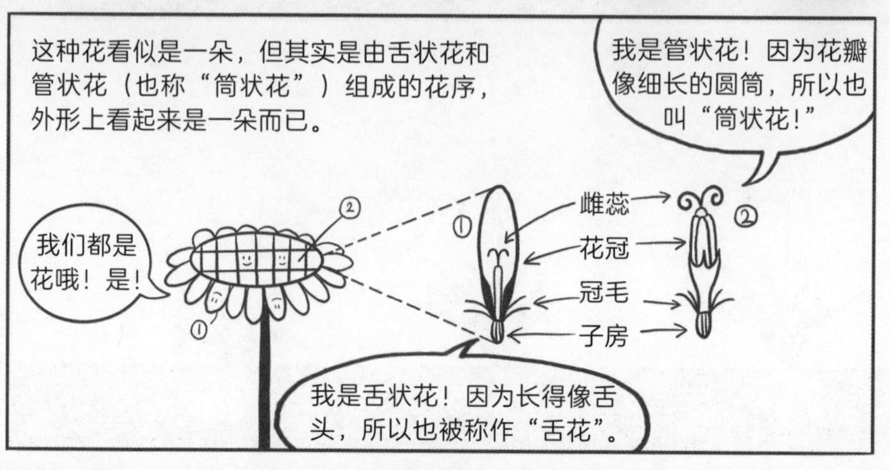
这种花看似是一朵，但其实是由舌状花和管状花（也称“筒状花”）组成的花序，外形上看起来是一朵而已。
我是管状花！因为花瓣像细长的圆筒，所以也叫“筒状花！”
我们都是花哦！是！
雌蕊
花冠
冠毛
子房
我是舌状花！因为长得像舌头，所以也被称作“舌花”。

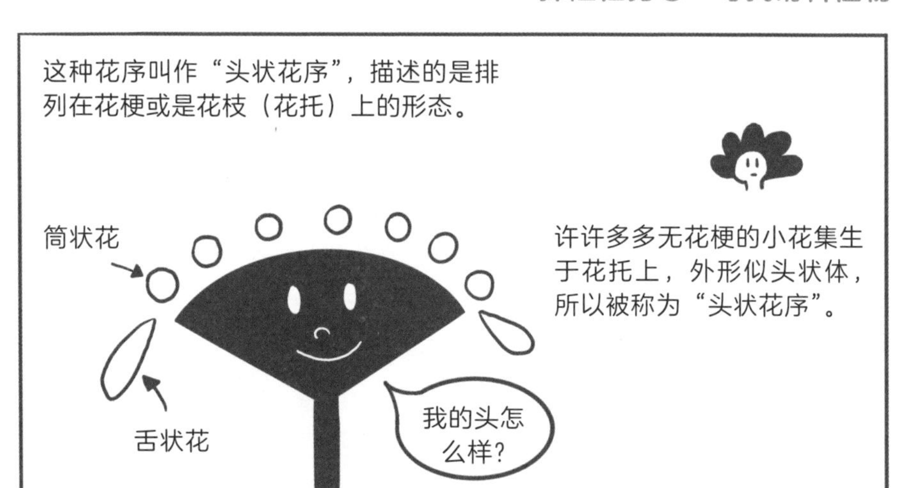
这种花序叫作“头状花序”，描述的是排列在花梗或是花枝（花托）上的形态。
筒状花
舌状花
许许多多无花梗的小花集生于花托上，外形似头状体，所以被称为“头状花序”。
我的头怎么样？

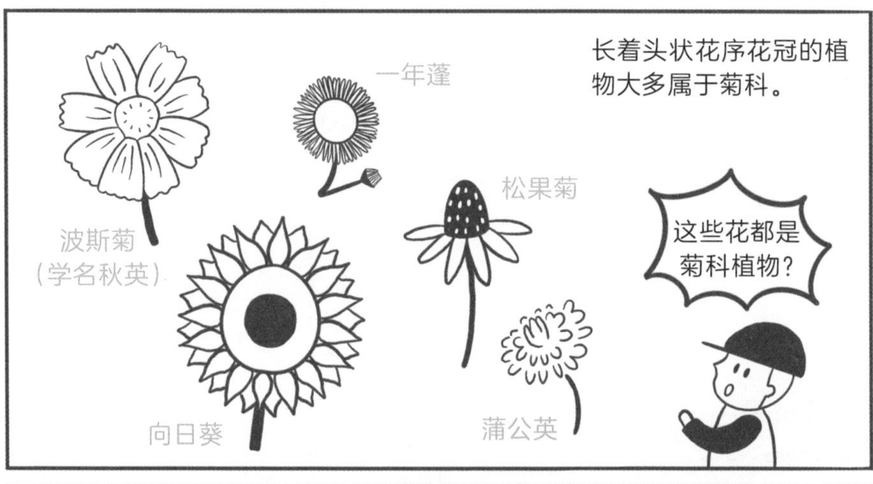
长着头状花序花冠的植物大多属于菊科。
一年蓬
松果菊
波斯菊
（学名秋英）
向日葵
蒲公英
这些花都是菊科植物？

那它也是菊科植物吧？
没错！
今天学了这么多，就把这“束”花送给妈妈做礼物吧！

芦苇 *Phragmites australis*

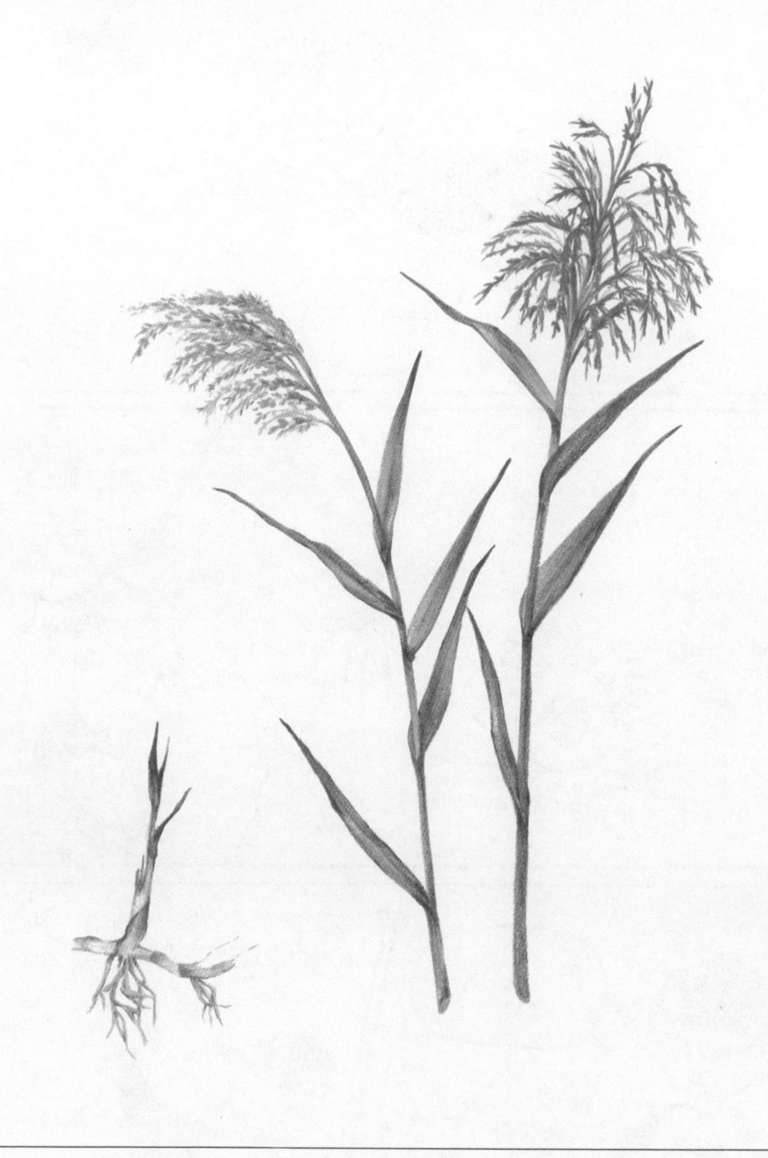

· 禾本科多年生植物　　　　　　· 花期：8—9月

· 生长环境：没有水流的湿地（低湿地），河岸，水库周边

芦苇在全球广泛分布，常以其迅速扩张的繁殖能力，形成大片的群落。

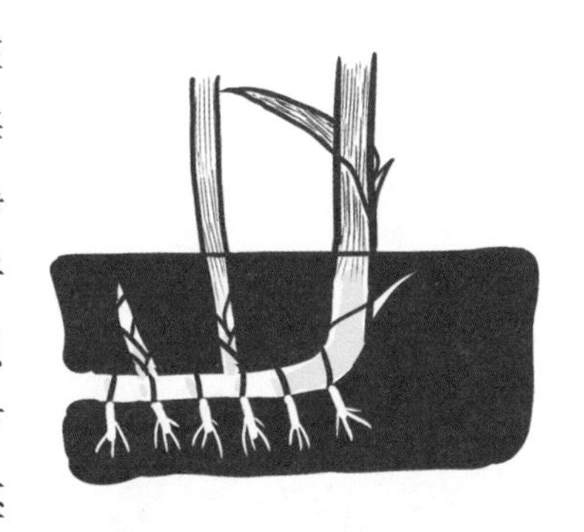

植物的特征： 芦苇常生长在沼泽、水流缓慢的河流，以及海水和淡水交汇的潮间带中，有净化水质的作用。虽然也依靠种子繁殖，但芦苇的根茎会在地下以非常顽强的生命力无限扩张。芦苇一般能长到1～3米高。与根茎相比，它的叶子更茂盛，所以很容易随风倾倒，在风中来回摇摆。因此，人们常用芦苇来比喻那些立场不坚定、经常改变心意的人。

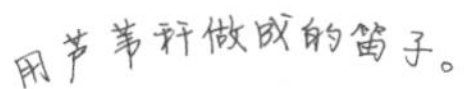

有趣的知识： 我们的祖先经常会用芦苇穗来制作如扫帚这样的生活用品。中空的芦苇秆具有非常好的隔热隔音功能，所以很久以前，人们就开始用它做建筑材料来搭屋顶，建窝棚、牲口棚等。人们还会用芦苇秆做笛子。美洲原住民用它做弓箭，苏美尔人在喝啤酒的时候用芦苇秆做吸管。最近，很多企业都在效仿苏美尔人，用芦苇秆制作环保吸管。由此可见，古人的智慧对现代人大有裨益。

狗尾草 *Setaria viridis*

· 禾本科一年生植物　　　　　　　· 花期：5—10月

· 生长环境：林荫下的花坛，道路旁的花坛

狗尾草因外形酷似小狗的尾巴而得名。别小看它！根据《本草纲目》记载，狗尾草有清肝明目、解热祛湿的功效。

植物的特征：狗尾草通常生长在光照充足、湿热的环境当中，所以盛夏最为常见。常见于类似马唐、藜芦、小蓬草等植物较多的地方。

有趣的知识：虽然它叫狗尾草，但却深受猫的喜爱。因为狗尾草的末端有毛茸茸的穗，猫咪特别喜欢追着毛穗跑来跑去。所以人造狗尾草也是市面上非常常见的猫玩具。用狗尾草挠挠你怕痒的小伙伴，一定非常有趣。

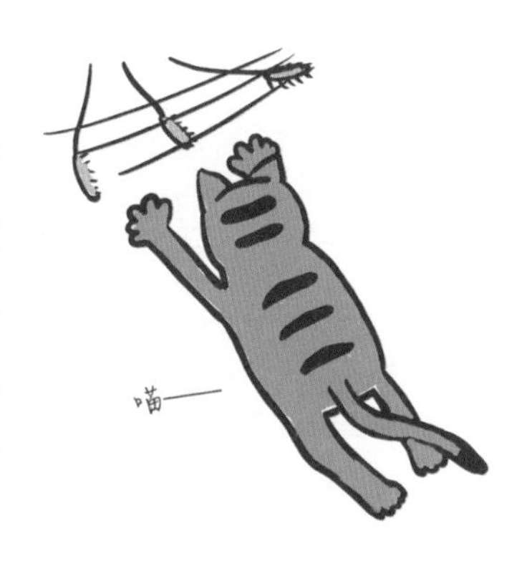

美味小知识：你知道一种叫“粟”的植物吗？它与大米、大麦、大豆、黍米共称“五谷”。然而，粟的祖先与狗尾草可是近亲哦！常与大米一起用来蒸饭的黄黄的小米就是粟的果实。在缺少食物的年代，人们发现在大米中掺一些狗尾草的穗，蒸出来的饭和掺入小米的饭味道差不多，所以常用狗尾草代替谷物。据说狗尾草穗可以用火烤着吃，就像爆米花一样，这会是真的吗？

一年蓬 *Erigeron annuus*

· 菊科一年生或二年生植物　　　· 花期：6—9月

· 生长环境：公园的杜鹃花坛，建筑物的夹缝，空地

因为花的形状像一个煎蛋，所以就有了“鸡蛋花”“煎蛋花”这样的绰号。

植物的特征：即便是在贫瘠的土地上，一年蓬也能生长得非常茂盛。所以无论是空地上、花坛的缝隙里，还是广阔的原野、铁道周边，都能看到一年蓬的身影。一年蓬不是靠授粉繁殖的植物，花受精之前就分裂成了种子。所以繁殖的过程完全不需要蜜蜂或其他昆虫的帮助。

神奇的知识：植物通过释放化学物质到环境中产生的对其他植物直接的或间接的影响叫作“化感作用”。因为一年蓬的叶子和根茎都能够释放有害物质，不利于其他植物的生长，所以很容易占据广阔的土地。

有趣的知识：一年蓬的繁殖力和适应性很强，在进入一个地区之后会出现快速扩散的情况，造成生态系统的破坏。在中国，它被列入中国农业有害生物系统。

漆姑草 *Sagina japonica*

· 石竹科一年生或二年生植物　· 花期：3—5月

· 生长环境：水泥地裂缝，人行道地砖缝

据说韩语中之所以称漆姑草为“蚂蚁草”，是因为它的周围常聚集着很多蚂蚁。日本人称漆姑草为“指甲草”，是因为它形似鸟的指甲，还是被剪断的指甲。

而小小的白色花朵像极了珍珠，所以漆姑草在英文中叫“pearlwort”，也就是“珍珠草”的意思。

植物的特征：漆姑草的周围常常聚集着很多蚂蚁是有原因的。漆姑草的种子是蚂蚁最喜欢的食物。我们来仔细看看它的种子。种子表面那些小小的突起，让蚂蚁能够轻而易举地将它们搬走。

神奇的知识：漆姑草是地球上最小的植物之一，但生命力却非常顽强。漆姑草几乎能在地球上所有的地方生长。不仅仅是炎热的热带、海拔2000米以上的高山、大海的滩岩上，甚至冬天平均气温低至零下60℃的南极科考基地也曾出现过漆姑草的身影。

有趣的知识：人们可以用漆姑草做药材。服用漆姑草可以治疗发热、发炎，在伤口处涂抹漆姑草可以消肿止痛。光看漆姑草的“漆”字，也能推测出它的功效了吧？

为什么需要学名
咦？
开花了！
这种花叫什么
名字？我来查
一下图鉴！
百科
急急忙忙

啊？这都是什么意思？
樱草
别名：报春花
学名：Primula sieboldii E. Morren
英文名：East Asian primrose
樱草？报春花？
学名又是什么呢？和英文
名字好像不太一样……
?
我来告诉你吧！
在韩国，这种花有很多个名字，比如翠兰花、樱草、仙
鹤莲等。
所以为了避免混淆，需要有一个统一的、固定的名字。
图鉴中称之为“正名”，除了正名之外的名字，称为“别名”。
正名是正式的名字，
别名也就相当于植
物的绰号。
名字只有一
个，绰号竟然
有三四个……

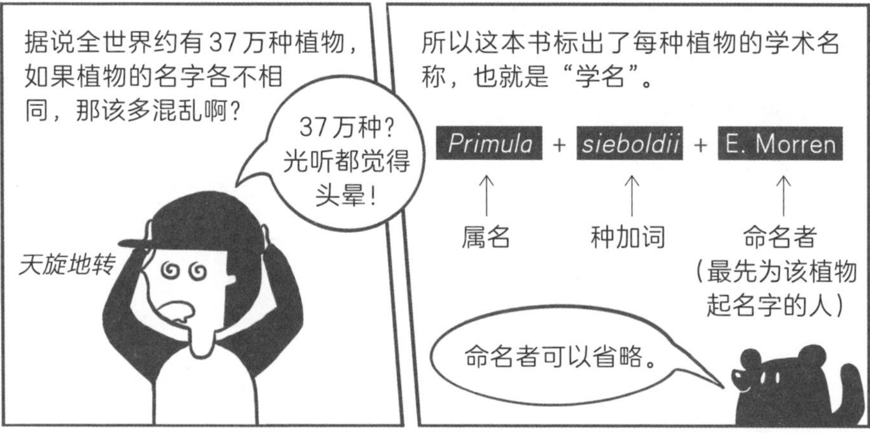

将具有相似特征的植物分为一类，植物分类最基本的单位就是“种”。
由相似的“种”组成“属”，而“属名”就是属的名称，“种加词”就是种的名称。
属名和种加词能够体现植物的大致特征。
植物的学名需要用拉丁文来表示。

什么是拉丁文？为什么要用拉丁文呢？

比如，拉丁文的种加词“*coreana*”就表示“韩国的”，“*ovata*”就是“鸡蛋状”的意思。

拉丁文是一种古代使用的语言。因为现在已经不被使用，不会再发生变化，所以植物命名时使用的是拉丁文。

灯芯草 *Juncus effusus*

· 灯芯草科多年生植物　　　　· 花期：4—7月

· 生长环境：河边，沼泽地

草的茎脱掉了外面的表皮后，里面白色的部分可以用来做灯芯，所以叫作“灯芯草”。

有趣的知识：很久以前，孩子们也会称灯芯草为“串儿草”。因为灯芯草的末梢有个结一样的花穗，所以孩子们常用连茎拔起的灯芯草从鱼的鱼鳃穿过，串成“鱼串儿”。

据记载，灯芯草曾经被用来制作灯盏的芯。用风干的灯芯草可以制成坐垫、方席、篮子等生活用品。有一种用灯芯草编成的布边席子，是江华岛的特产。据说这种江华席子每年都是限量生产的哦。不仅是因为加工编制用的原材料要花费很多的时间和精力，扎席子的时候也需要两个人合力协作十五天左右才能完成。这就是江华席子珍贵的原因。

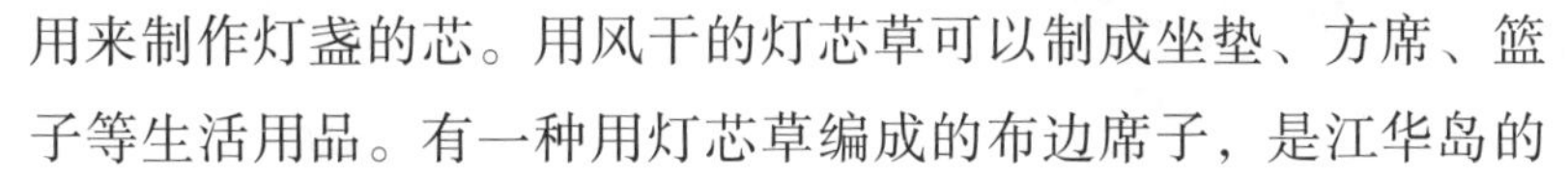

健康小知识：灯芯草的茎的中心部分可以入药，对小便不畅、身体浮肿、口腔溃烂有显著疗效。

酢（cù）浆草 *Oxalis corniculata*

· 酢浆草科多年生植物　　　　　· 花期：4—9月

· 生长环境：社区或道路旁的花坛，山路周边，石头缝隙里

都说酢浆草是猫拉肚子的时候吃的植物，所以取名为“猫饭”。酢浆草的属名“*Oxalis*”是由希腊语中表示酸味的“*oxys*”演变而来的，而实际上酢浆草中有散发酸味的草酸成分。

植物的特征：酢浆草会做一种有趣的运动。早上它将叶子展开，而到了晚上就将叶子合起来，就像是一种“睡眠运动”。它的叶子是心形的，通常是三片叶子长在一起，外形和白车轴草相似，所以非常容易混淆。但酢浆草会开出黄色的小花，这样就可以区分两者了。酢浆草的种子像豆荚一样，尖儿朝上，表皮非常容易裂开。一旦裂开，成熟的种子就会溅得到处都是，所以非常容易扩散（连成一片）。

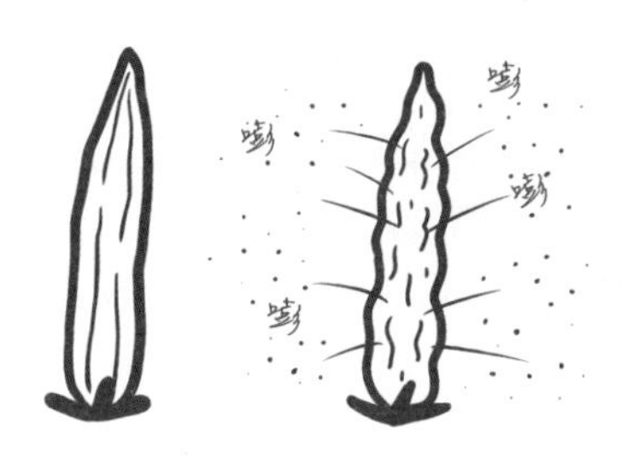

神奇的知识：酢浆草的种子上粘着油质体。蚂蚁非常喜欢这种物质，所以会把种子搬回家，留下自己喜欢的东西，然后把种子丢掉。被丢掉的种子就会在森林的各个角落发芽，蚂蚁的这种活动被称为“蚂蚁播种”。

有趣的知识：很久以前，人们还会用酢浆草给黄铜器抛光。酢浆草中的草酸可以去除金属表面的锈。用酢浆草搓搓生锈的硬币，硬币会变得闪闪发亮哦。

龙葵 *Solanum nigrum*

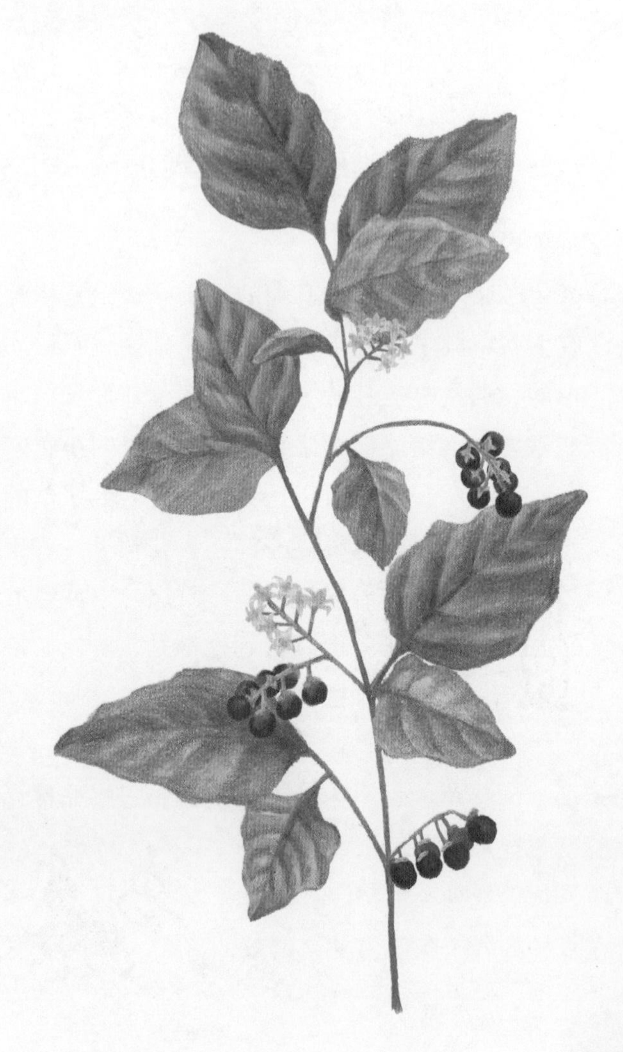

· 茄科一年生植物 · 花期：5—8月

· 生长环境：社区里的空花坛，林荫路旁

龙葵的果实为球形，成熟时为紫黑色，有光泽。

植物的特征：花和果实的形态与土豆、番茄的相似，因为它们都属于茄科，是“亲戚”呢！龙葵的根最多能够深入地下70厘米，所以相较于人行道的砖缝，它们更喜欢在花坛或是绿化带中生长。草地里也经常能见到龙葵的身影，要睁大眼睛留心观察哦！

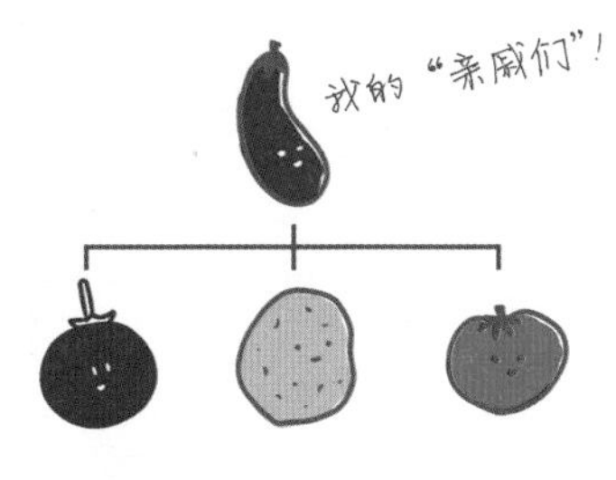

神奇的知识：如果你在龙葵的叶子上发现了毛茸茸的橘黄色瓢虫，那十有八九是二十八星瓢虫！二十八星瓢虫最喜欢茄科植物的叶子了。

美味小知识：龙葵的叶子、芽、茎、果实都可以食用。欧洲人会把甜甜的龙葵果实做成果酱。据说很久以前的韩国乡下，孩子们饿了就常拿龙葵果实当零食。

需要注意的知识：虽然熟透的龙葵果实味道甜美，但尚未成熟的果实中含有有毒的“龙葵素”，同属茄科的土豆芽中也含有这种物质。所以千万不要因为龙葵果实看起来美味，就直接摘来吃哦！

铁苋（xiàn）菜 *Acalypha australis*

- 大戟科一年生植物
- 花期：7—9月
- 生长环境：垄沟，屋顶花园，菜园，路旁

形状酷似芝麻叶，但比芝麻叶小。种加词“*australis*”是拉丁文“南方”或者“南半球”的意思，大概是因为铁苋菜主要生长在温暖的地方才有了这样的学名吧。

植物的特征：上面说过了，铁苋菜的形状和芝麻叶非常相似，叶片更窄一些。芝麻叶是两两相对生长的，而铁苋菜与它不同，叶子是两两相错生长的。雄花和雌花长在叶腋处，同时开花。往上冒的红穗是雄花，而雌花被卵形苞片包裹。雄花有三个花柱，所以就有三个圆圆的果实。

健康小知识：从很久以前流传下来的民间偏方说将铁苋菜的叶子捣碎后敷在伤口上可以帮助伤口愈合，叶子还能熬成汤药服用。事实上，研究证明铁苋菜确实有抗菌、消炎的功效。因为与芝麻叶或薄荷的味道差不多，所以叶子和茎曾被当作制作口腔除味剂和牙膏的原料。

美味小知识：铁苋菜的嫩叶可以做拌菜，味道是不是也跟芝麻叶差不多呢？你也很好奇吧？

植物怎样过冬
鼓鼓囊囊
啊！
是松鼠！
鼓鼓囊囊
熊博士，那只
松鼠为什么不
停地往嘴里塞
橡果啊？
它们是在储存
过冬的粮食。
我也是
“橡果”！

可是松鼠冬眠的这段时间，
呼呼
植物是怎么过
冬的呢？
这真是个不错的问题！
不同种类的植物，过冬
的方式也有所不
同哦！
很厉害的样
子嘛……

养分
树木为了能够抵御严寒，
吸走了叶子里的养分，
所以叶子会脱落。
（那就是落叶啦！）
一年生植物会赶在冬天到来之
前结果，播下种子，
以种子的形态过冬。

那些多年生的植物，露出地表的部分会被冻死，但是在温度相对比较高的地下，植物的根部会被完好地保存下来。

当然，也不是所有的多年生植物都是如此。“莲座状植物”会紧紧地贴在地面上，即便是在寒冷的冬天，也能活下来。

莲座（rosette）这种说法源于玫瑰（rose）。

长在短短的茎上的叶子，朝着四面八方延展开来，样子像极了玫瑰，由此而得名。

葶苈（tínglì） *Draba nemorosa*

- 十字花科一年生或二年生植物 · 花期：3—4月上旬
- 生长环境：后花园草丛，垄沟，光照充足的空地

在韩国，葶苈还有个非常有趣的外号，叫“鼻屎菜”。可能是因为葶苈的花很小（韩语中常用“像鼻屎”来形容小），也有可能是因为韩语中葶苈的发音和鼻屎很像。

植物的特征：葶苈在城市中随处可见。花瓣呈十字状，所以属于十字花科植物。葶苈是一种非常喜欢阳光的植物，而荠菜和葶苈喜欢的生长环境差不多，所以能看到荠菜的地方往往也生长着葶苈。它们是相互争夺领地的敌对关系。

通常情况下，荠菜和葶苈可以通过辨别花的颜色来区分，而不开花的时候很容易混淆。也可以通过果实和叶子的形状来区分，葶苈的果实是矩圆形或椭圆形的，而荠菜的果实是心形的。另外，荠菜叶的边缘比葶苈更尖（呈更尖锐的锯齿状）。

健康小知识：葶苈的种子是治疗哮喘病的药材。患咳嗽或哮喘时，吃用葶苈种子和粳米煮的粥，有助于缓解症状哦。

美味小知识：很久以前，人们在春天常会用葶苈和荠菜熬汤。在那个物资匮乏的年代，葶苈也是煮粥的食材，但是现在就没什么人吃了。

附地菜 *Trigonotis peduncularis*

· 紫草科一年生或二年生植物　　· 花期：4—7月

· 生长环境：建筑群绿化带的角落，路边

附地菜的花序在茎上由下往上依次开放，开始是卷曲的，长着长着就伸直伸长了。英文中称附地菜为“Korean forget-me-not”（非常有名的韩国勿忘我，意思是“不要忘记我”），说是有一位来到韩国的传教士夫人，误把附地菜认成了勿忘我。

植物的特征：花非常小，直径只有5毫米左右，所以要仔细观察哦！天蓝色的花瓣中央有一圈淡淡的黄色。这淡黄色的花蕊能够刺激昆虫的眼睛，其实是引诱昆虫的“诱饵”。土蜂这种可以悬停的昆虫和蚂蚁往往会被吸引。授粉结束后，黄色的“诱饵”会变成白色，因为到那时就不需要再吸引昆虫了。再次开花时，花蕊又会变成淡黄色。

有趣的知识：如果你发现了附地菜，尝试用手指把它的叶子展开，然后再闻闻手指。手指上会有黄瓜的味道哦！是不是很神奇？所以在欧美，附地菜也叫“cucumber herb”（黄瓜草）。

健康小知识：附地菜有理气疏风、清热解毒的功效。另外，附地菜还可以治疗小儿遗尿。

荠菜 *Capsella bursa-pastoris*

· 十字花科一年生或二年生植物 · 花期：3—5月

· 生长环境：林荫下，光照充足的空地

《本草纲目》中称荠菜为“护生草”，意思是保护生命的草。

有趣的知识： 荠菜的种子可以用来做沙锤（一种打节拍的乐器）。种子成熟到一定程度的时候，心形的果实开始干瘪发蔫，摇一摇，种子就会在中空的果实中相互碰撞，发出声音。

需要注意的知识： 不要随便摘荠菜来吃，那是很危险的！生长在路边或者城市里的荠菜往往吸收了汽车尾气、空气中的污染物等有害物质，很可能已经被污染了。那些生长在远离城市的山上或是田里的荠菜才比较安全。

美味小知识： 人们通常认为荠菜是春天的美味，但实际上秋天也能吃到。荠菜开花会用尽整个冬天积攒下的养分，开花后的荠菜根会变得很硬，所以开花之前是它味道最甜美的时候。用荠菜熬的酱汤会发出清新的香气。

月见草 *Oenothera biennis*

· 柳叶菜科二年生植物　　　　　· 花期：6—9月

· 生长环境：溪边草丛，光照充足的花坛

只听它的名字你绝对想不到，这是一种来自北美洲的归化植物。“月见草”，顾名思义，月亮升起的时候就是它开花的时候。

植物的特征：最喜欢月见草的当然要数飞蛾，暗暗的月光下，闪着光的花最能吸引它。月见草的花瓣上有一种只有昆虫才能看到的特别的花纹，这种花纹能够把昆虫引到蜜腺（花或者叶子分泌蜜汁的器官）上来。另外，月见草还能散发出葡萄酒的香气，对于动物来说也是一种无法抗拒的诱惑。

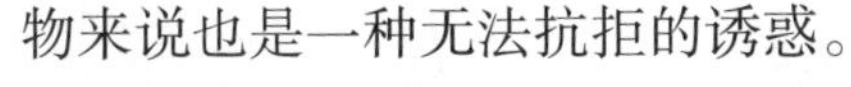

月见草的花粉也非常特别。每一粒花粉之间都连着黏黏的丝线，只要沾上一点点，就能让成百上千的花粉颗粒附着在昆虫身上，不会错过任何授粉的机会。月见草的种子也是鸟儿的食物。

有趣的知识：传说在西方，精灵们会收集月见草上的露水充当配制魔法药水的材料。还有非洲大陆上的猎人们，为了不被猎物们发现，会在鞋子上揉搓香气浓郁的月见草。

健康小知识：从很久以前开始，对于非洲原住民来说，月见草不仅是食物，也是用来涂抹烧伤或挫伤伤口的药物。最近月见草花种子油也被用作药物或营养剂，对皮肤过敏和痛经都有非常明显的疗效。

让土地变肥沃的植物

你在干什么？

我在给土施肥。

施肥？那不是花生吗？

没错！花生对于土地来说是很好的肥料。

根瘤菌是一种能够侵入花生根部并寄生于根部，生成根瘤的细菌。

根瘤菌能够把空气中的氮变成被绿肥作物利用的氮素。

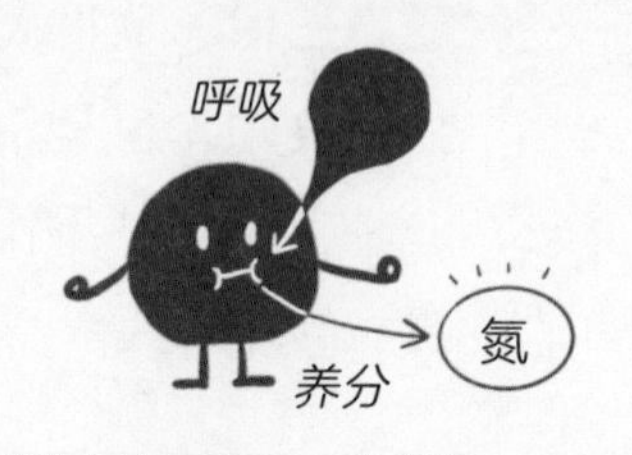

所以即便是贫瘠的土地，豆科植物也能够长得很好，同时还可以使土地变得肥沃。

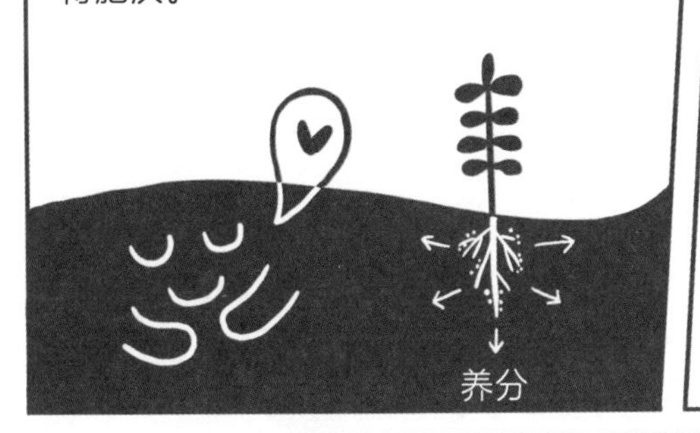

所以农夫们利用这样的原理，通过种植紫云英、白车轴草这样的豆科植物，让土地变得肥沃，也会同时培育其他作物。

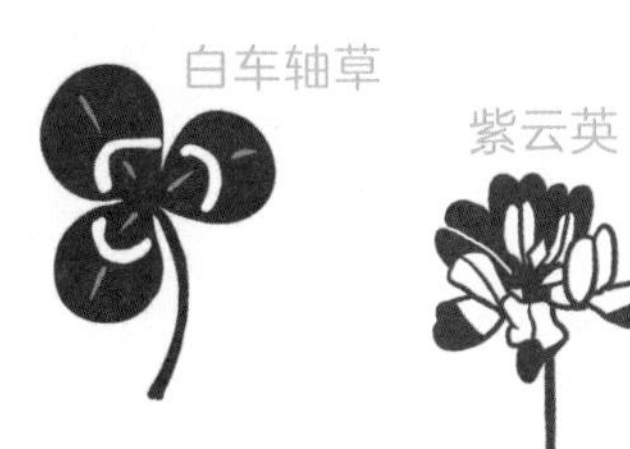

还有一些植物虽然不属于豆科，但也会有根瘤菌寄生在根部，比如赤杨、菩提树。

鸭跖（zhí）草 *Commelina communis*

· 鸭跖草科一年生植物　　　　· 花期：6—9月

· 生长环境：背阴的墙根下，大桥下

在中国这种植物叫作“鸭跖草”，意思是被鸭子踩在脚下的草。后来这种叫法传入韩国，而“鸭子”被改成了“鸡”。鸭跖草这种植物确实喜欢生长在鸡圈这种潮湿的环境当中。

植物的特征：鸭跖草科的植物大多清晨开花，并且花会在当天凋谢。凋谢的时候长长的雄蕊会把雌蕊包住，即使没有其他花的花粉，只用自己的花粉也能结出种子。这种情况叫作“自花授粉”。对了，鸭跖草有四片透明的花瓣！一片花瓣在前面就能看到，三片要在后面才能看到。

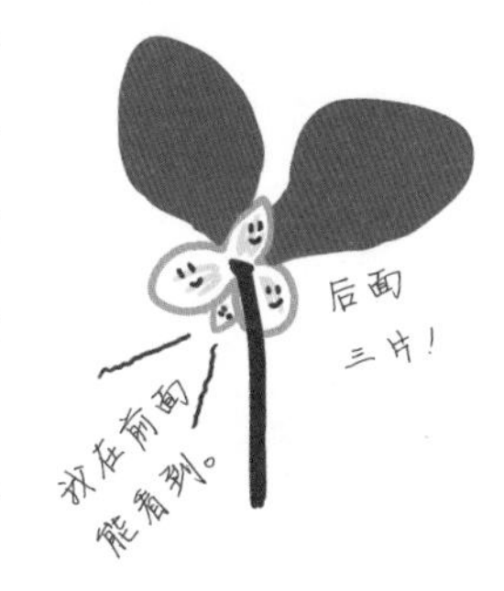

神奇的知识：植物叶子的表皮上有气孔，这些气孔可以帮助植物呼吸，并将植物体内的水分排放到空气当中。鸭跖草叶子背面的表皮比较容易剥离，所以在科学课上做观察实验时，鸭跖草常被用来做观察植物。

有趣的知识：可能是因为花一天就凋谢，鸭跖草的英文名字是“dayflower”，就连花语也是“不被尊敬的爱”。日本人在文学作品中曾用这种花来形容短暂。但是鸭跖草的花与叶子不同，非常有韧性。把鸭跖草的花夹在书里，花瓣的蓝色能保持一周甚至更长的时间。蓝色的花瓣也常被用作染蓝布或纸的染料。

婆婆针 *Bidens bipinnata*

· 菊科一年生植物 · 花期：8—9月

· 生长环境：公园或社区步道边的草丛中

因为果实的形状像针一样长长的，所以才有了这样的名字。可是跟“鬼”（婆婆针俗称“鬼针草”）又有什么关系呢？在公园或是河边散步的时候，它总能神不知鬼不觉地附着在动物的皮毛或是人的衣服上，这就是原因。

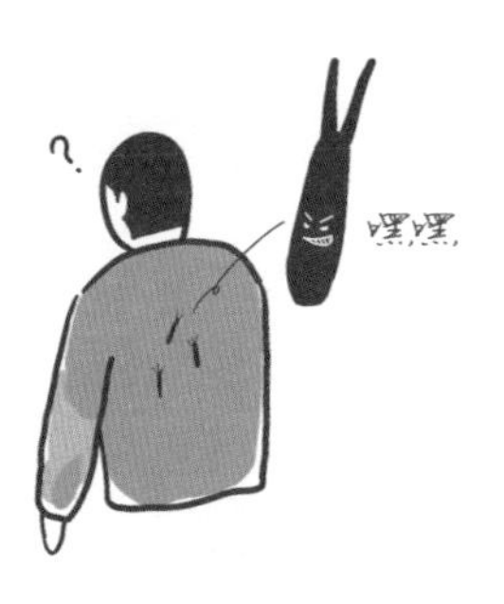

植物的特征： 长度在30～100厘米，正中央有锯齿形状的叶子，两两相向而生。还记得前面我们介绍过的头状花序吗？

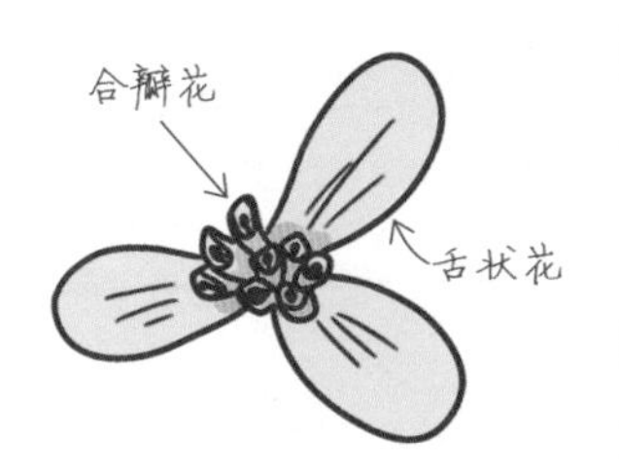

婆婆针也属菊科，所以也是几朵花长在一起，看起来像一朵花，舌状花通常有1～3朵。果实会在秋天成熟，所以要到9月以后才能见到。茎梢上挂着果实，就像一个刺儿球。

神奇的知识： 针状果实的尖部有2～4根冠毛（萼片变成的部分），每根冠毛上都密密麻麻地长满朝下的小刺，所以才能附着在动物和人的身上，被带到各处，完成播种。

健康小知识： 婆婆针与和它同科的植物中大多含有黄酮类和聚乙炔类化合物。这些成分具有明显的散热、消炎、解毒，以及抑制癌细胞生长的功效。

垂盆草 *Sedum sarmentosum*

· 景天科多年生植物　　　　　· 花期：5—7月

· 生长环境：小区绿化带空地或景观石的缝隙，河流卵石的缝隙

因为垂盆草喜欢长在石头的缝隙间，所以也叫“石头菜”。今天我们就来一起真正地认识一下吧！

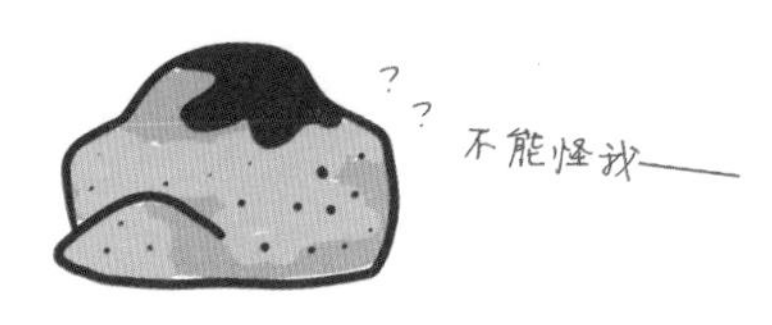

植物的特征： 垂盆草是陆地植物。陆地植物的茎和叶子能够储存大量水分，所以在相对干燥的环境下也能很好地生长。（我们比较熟悉的仙人掌也是典型的陆地植物。）也就是说，无须经常浇水也能生长。

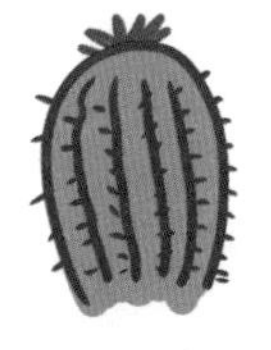

有趣的知识： 在一些国家，人们常用垂盆草做屋顶的绿化，因为其本身的优良性状及易于打理的特性，未来非常有可能普遍应用于屋顶绿化以及庭院地被栽植。想象一下被翠绿的叶子和黄色小花覆盖的屋顶，一定很棒！对不对？

美味小知识： 散发着春天的清新香气的垂盆草也是春季餐桌上必不可少的美食。在韩国的烤肉店，和辣椒酱一起被端上餐桌的就是垂盆草。咬一口蘸上辣椒酱的垂盆草叶，那甜中带辣的味道加上清新爽脆的口感，简直一绝！还有一种不太常见的吃法，用垂盆草腌制的泡菜，不仅味美，营养也超级丰富。一起去品尝一下这春季特有的美味吧，一定会让你胃口大开！

野大豆 *Glycine soja*

- 豆科一年生植物
- 花期：7—8月
- 生长环境：公园花坛，田野

韩语中称野大豆为“石豆”，豆是没错，但是前面为什么要加个“石”字呢？其实这里是表示它是野生的意思，也就是野生大豆。怎么样，是不是给人一种粗犷结实的感觉？虽然是野生植物，但也是可以吃的哦！

植物的特征：豆科植物花的雄蕊和雌蕊不是露在外面的，而是被花瓣包裹的。因为这种构造，可以自己在雌蕊上自花授粉。还记得前面介绍过的与豆科共生的根瘤菌吗？它可以将大气中的氮吸收，转变成被绿肥作物利用的氮素。同属豆科植物的野大豆也是利用根瘤菌的这种超能力，把原本贫瘠的土地变得肥沃。

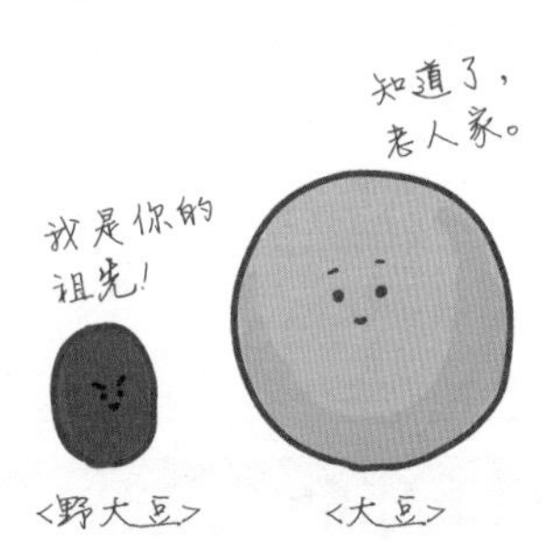

神奇的知识：我们平时吃的大豆通常都是人工培育的，但其实野大豆是大豆的祖先呢。从很久以前开始，人们就不断尝试通过人工栽培的方式让野生植物（山里或者田里自然生长出来的植物）的数量更多，个头更大。比起大豆，虽然野大豆的种子非常小，但它在恶劣的环境下生长的能力更强。而人工栽培的品种很难适应环境的变化或者压力，需要人去照料。野生植物之所以能够有如此强的环境适应能力，是因为它们天生具备抵抗疾病，以及将有用基因保留下来的能力。如果能够将野生植物的这些有用基因用于人工栽培，人工栽培的植物一定能越来越好，由此我们应该保护野生植物。

记录植物的多种方法

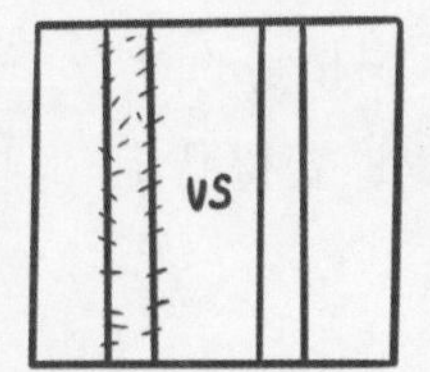

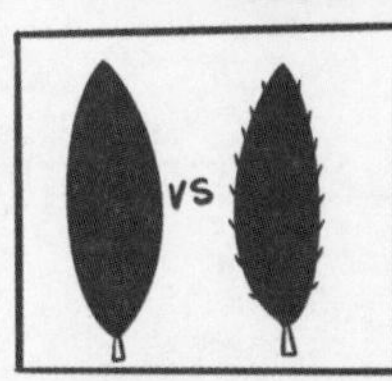

即使乍一看没什么分别，但仔细观察的话还是可能发现区别的。比如说茎上有没有毛，叶子的边缘形状也可能不一样。所以还需要一些更具体的信息。

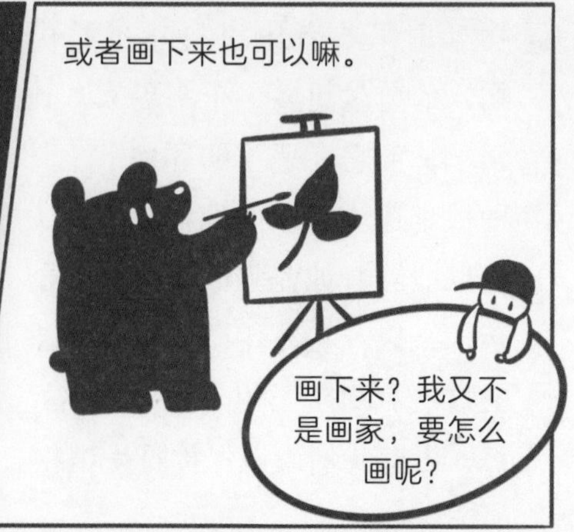

这是在画我吗……？
别担心。只是为了观察和记录植物的样子，又不是要完成一幅画作。
嗯……原来你有5颗痣！
其实除了照片和图画，还可以用文字来记录。把植物的特征一五一十记下来就可以了。
5颗痣。
短头发。

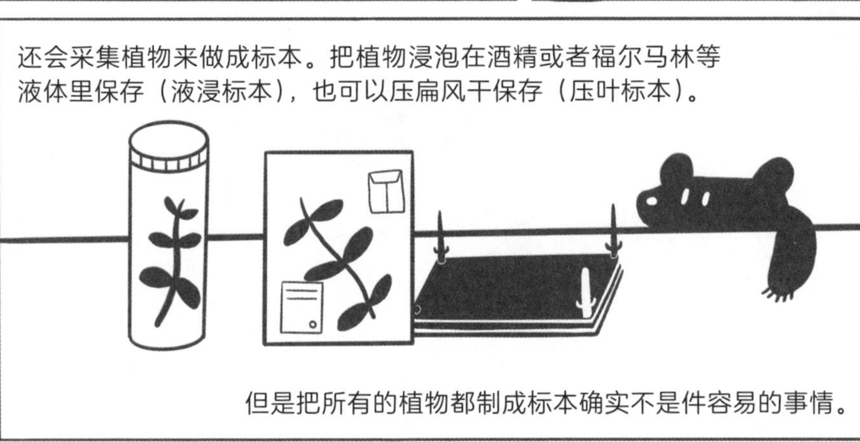
还会采集植物来做成标本。把植物浸泡在酒精或者福尔马林等液体里保存（液浸标本），也可以压扁风干保存（压叶标本）。
但是把所有的植物都制成标本确实不是件容易的事情。

选择哪种方法记录植物固然重要，但最重要的还是要非常仔细地去观察植物。
只有这样才能准确记录植物的特征，将这些特征牢牢记住。
植物观察日记
植物名称：芸豆
观察日期：20△△年△月△日
观察内容：
5颗芸豆中有3颗开始发芽了。
感受：
亲眼看到芸豆发芽，感觉真的很神奇。可是剩下的2颗要什么时候才会发芽呢？看来还得再观察一天。
这就是观察植物、记录植物的方法，怎么样？不算难吧？
我有信心！

短莛（tíng）山麦冬 *Liriope muscari*

· 天门冬科多年生植物　　　　　　· 花期：7—8月

· 生长环境：小区花坛，市内道路边的花坛，林荫路

因为麦冬的根像麦子，又生长在冬天，所以才有了这个名字。短莛山麦冬的叶子冬天也不会枯萎，而是变成深绿色过冬。

植物的特征：夏天开紫色的花，花凋谢之后就会结出绿色的果实。果实成熟的过程中会逐渐变成黑紫色，圆圆的黑得发亮的果实看起来非常诱人。短莛山麦冬在社区花坛或是树荫下非常常见，因为它喜欢生长在阴凉的地方。但其实短莛山麦冬也像其他的植物一样，是非常喜欢阳光的。只不过能够在社区花坛和宽阔的林荫路的树荫里生长的植物不多，所以人们才会选择在这些光照不充分的地方种植阔叶山麦冬。

有趣的知识：吉卜力动画电影《龙猫》大家都看过吧？电影里出现过短莛山麦冬的远方亲戚小叶麦冬，用来捆橡果的就是它哦！用小叶麦冬来代替绳线。

健康小知识：把短莛山麦冬从地里挖出来的话，你会发现像胡须一样的根上，挂着一些像红薯一样的根块。很久以前，人们就开始将它用作药材，用来化痰，增强体力。

柔毛打碗花 *Calystegia pubescens*

· 旋花科多年生植物　　　　· 花期：6—8月

· 生长环境：花坛缝隙，田间，花园

柔毛打碗花这种旋花科植物的花会一直朝着太阳的方向，跟着太阳旋转，所以才有了“旋花”的名称。

植物的特征：因为外形与喇叭花非常相似，所以很容易混淆，可以用这样的方法来区分：喇叭花是清晨开花，到了白天花就谢了；而打碗花则是白天开花。另外，打碗花有2枚总苞包裹着花朵，还有5枚萼片，呈花瓣状；而喇叭花是没有总苞的，只有5枚萼片。

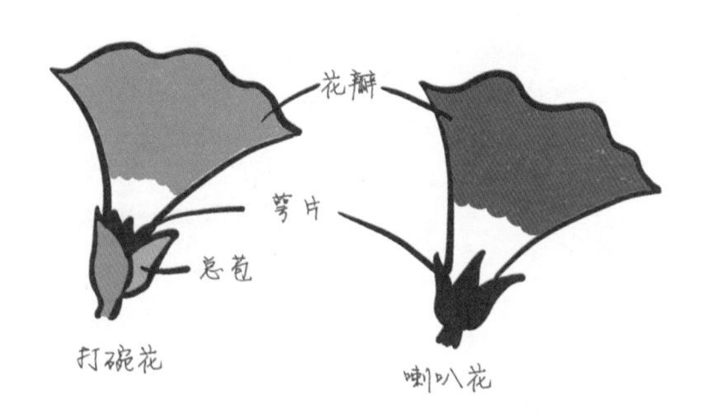

有趣的知识：传说战争中有一名侦察兵在执行探路任务的时候被敌军射杀了。敌军将侦察兵留下的指路牌调换了方向，来到岔路口的将军刚要朝着指示牌的方向行进，却发现了一朵朝着反方向绽放、形似喇叭的小花。将军觉得这是死去的兵士留下的信号，便带着将士们朝花朵绽放的方向行进。你是不是已经猜到了？这忠心耿耿的小花就是打碗花。

马唐 *Digitaria sanguinalis*

· 禾本科一年生植物　　　　· 花期：7—8 月

· 生长环境：田间，林荫路旁，花坛

马唐的根部从侧面看很像正在爬行的螃蟹，所以英语中称它为“crabgrass”，其实就是螃蟹草的意思。

植物的特征：马唐是靠风完成授粉的，是利用风力作为传粉媒介的风媒花。雌蕊呈羽毛状，所以随风飘散的花粉很容易附着在上面。这样完成授粉之后就会形成种子，越晚开花的马唐形成种子越快。也就是说，越晚开花，越早结果。

神奇的知识：令人心痛的事实！马唐竟被列入世界有害杂草，位列第十一名。前面说过马唐的根是会向两旁横向蔓延的，即便拔除的时候拔断了根，留在土里的根也能继续生长。马唐甚至能在极度干旱的环境下生长，无论是沙漠还是满是石子的土地环境。所以在炎热的夏季，其他植物都会因为缺水枯萎，马唐依然能够蓬勃挺拔。雨季之后则长势更旺。

有趣的知识：把马唐的穗子拢在一起，绑在中间的枝干上，马唐伞就做成了。还可以撑开收起。下次见到马唐，你也试试看吧！

蛇莓 *Duchesnea indica*

· 蔷薇科多年生植物　　　　　　· 花期：6—8月

· 生长环境：社区后面的花坛，向阳的花坛

蛇莓的名字由何而来呢？因为蛇喜欢吃？有学者推测是因为蛇莓像蛇一样喜欢湿润的泥土，而且茎的形状与蛇的形态相似，所以有了“蛇莓”这个名字。

植物的特征：蛇莓喜欢生长在湿润但是阳光充足的地方。这种弯弯曲曲地生长在地面上的植物能够像苔藓一样贴合地覆盖地面，所以也常被当成地被植物培植。蛇莓和草莓虽然相似，但实际是不同的。草莓的花是白色的，而蛇莓的花是黄色的。开花的时候真的像从天上落下来的星星。

神奇的知识：我们认为的果实部分其实并不是蛇莓的果实，而是花托。与那些包含种子的子房发育成果实（真果实）的植物不同，蛇莓属、草莓属、委陵菜属的植物都是花托膨大成为果实（假果实）的。

美味小知识：蛇莓果那非常诱人的红色果实（虽然它并不是真的果实）看上去非常美味，但其实没有任何味道，不甜也不酸。没有毒性，可以摘来尝尝看。因为没有味道，所以会加入白糖做成果酱，或者拌沙拉吃。

植物是化学工厂

哈——超清爽的感觉！
好凉爽！

是薄荷糖？

你知道吗？其实薄荷糖里面的薄荷成分是一种有毒成分哦！

我吃了毒药？

哈哈！别担心。薄荷成分会刺激人的舌头，所以才会有凉爽的感觉。仅此而已。

啊？

但是对于昆虫来说却是致命的毒药！

即使遇到了敌人，植物也没有办法逃跑，所以只能利用化学物质来保护自己。

松树的根会释放有毒物质，使其他植物无法在周围生长。

洋槐的叶子遭到攻击的时候就会释放难闻的气体或者毒素。

这时难闻的气体能够传到很远，给远处的洋槐送去信号，让它们一起释放毒素。

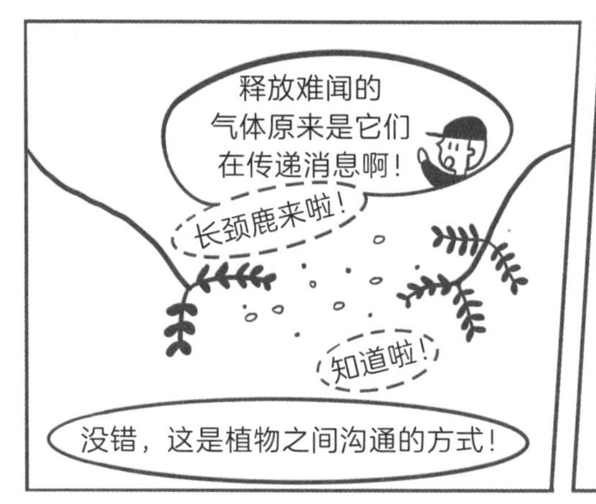

还有一些植物会因为其他原因合成化学物质。如为了获得营养成分，也会合成化学物质哦！

还有一些植物，能够引诱昆虫或者体型比较小的动物，然后将它们整个吞下，再分泌消化液将其溶解，通过这样的方式来获取养分。

咕咚

好可怕啊——

繁缕 *Stellaria media*

· 石竹科一年生或二年生植物　　· 花期：6—7月

· 生长环境：花坛角落，空花坛，光照充足的空地

繁缕的属名“*Stellaria*”源自拉丁语中表示星星的“*stella*”。就像它的名字一样，繁缕的样子看起来真的很像夜空中的星星。

植物的特征：6—7月开花，随着种子成熟，整株植物都会变成黄色，一生就结束了。牛繁缕与繁缕的外形非常相似，经常被拿来做比较。牛繁缕通常生长在阳光充足的地方，而繁缕喜阴，喜欢生长在阴凉且不那么潮湿的地方。另外，牛繁缕的雌蕊柱头分成5瓣，而繁缕只有3瓣。

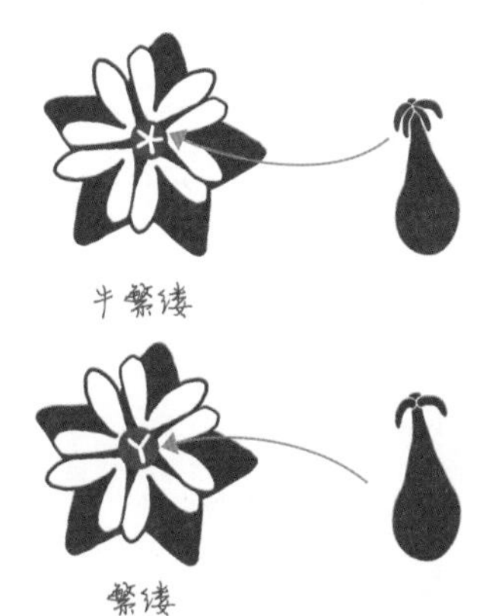

神奇的知识：繁缕的花瓣看似是10片，但如果仔细观察，其实是5片心形的花瓣分裂而成。分裂的花瓣让花看起来更大。这是繁缕用来引诱昆虫的生存策略。

健康小知识：繁缕对治疗牙龈疾病有非常显著的效果。将风干的繁缕加入盐搅拌，用来刷牙，可以让牙龈变得健康，其实就是繁缕牙膏喽。

美味小知识：繁缕既可以做拌菜，也可以做沙拉。古代日本有一种习俗，每年的1月7日会用7种野菜熬粥喝，以此祈求长寿和健康，这7种野菜中就有繁缕。繁缕也是鸡非常喜欢吃的植物。

香蒲 *Typha orientalis*

· 香蒲科多年生植物　　· 花期：6—7月

· 生长环境：学校池塘或河流周边

到了授粉的时候，香蒲会在风中随风颤抖，就像人瑟瑟发抖的样子。韩语中，香蒲的名字便与此有关。

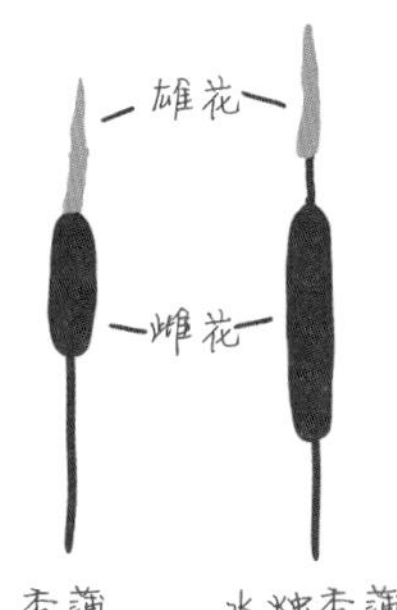

植物的特征：香蒲在河流、池塘，以及湿地周边比较常见。香蒲高1～1.5米，同一株植物会同时长出雄花和雌花。茎的顶端，像胡须一样的毛就是雄花，下面紧挨着的，长7～10厘米像热狗一样的小圆筒就是雌花，同时也是果实。初夏见到的就是花，而到了夏末直到秋天见到的就是果实。还有一种水烛香蒲，韩语中称它为“香蒲宝宝”，多生于很深的沼泽中。与它的名字相反，这种“香蒲宝宝”反而比香蒲高，而且雌花也更长，雌花和雄花之间有2～6厘米的距离。

有趣的知识：雌花里面充满了被白色毛絮封裹的种子。种子成熟以后，一旦受到来自外界的刺激就会瞬间涌出，然后随风飞走。据说在很久以前，人们会把这些像棉花团一样的种子收集起来，做成枕芯或被子。蒲草的茎还能够做凉席，不会起毛刺，而且触感非常好。

种子多达35万个！

美味小知识：香蒲的花粉的成分几乎只有蛋白质。从很久以前开始，美洲原住民就用这种营养丰富的花粉做面包吃。除了花粉之外，嫩芽和花，以及根茎都可以食用，可以说香蒲真的是“有用之材”！

黄鹌菜 *Youngia japonica*

· 菊科多年生植物　　　　　　　· 花期：5—6月

· 生长环境：阳光直射的向阳的地方，林荫树下

黄鹌菜喜欢长在麦田附近，所以青黄不接的时候也会成为人们的食粮。

植物的特征：整个冬天，黄鹌菜只有莲座状的叶子，因为整片叶子上长满了细毛，所以能够抵御冬季的寒冷。剪开黄鹌菜的茎，会有白色乳液流出。只要是在能够进行光合作用的环境，黄鹌菜就会一直开花。

有趣的知识：黄鹌菜根的周围是蚂蚁的安乐窝，因为黄鹌菜喜欢生长在不潮湿、通风，而且光照比较充足的土壤环境中。黄鹌菜的种子不是一次性发芽的，所以土壤中会有很多种子。另外，根能够阻挡雨水和侵入者，所以特别适合蚂蚁生活。

健康小知识：黄鹌菜有去热止痛的功效，据说很久以前还被用来治疗关节炎。虽然是一种再常见不过的野草，但事实上也是一种非常有用的药材。

药用蒲公英 *Taraxacum officinale*

· 菊科多年生植物　　　　　　· 花期：3—10月

· 生长环境：人行道砖缝，草坪角落，向阳的草地

蒲公英的英文名字是“dandelion”，尖尖的叶子像极了狮子的牙齿，所以在法语中“dent de lion”是狮子牙齿的意思。

植物的特征：蒲公英并不是只有一种，韩国生长的蒲公英就有山蒲公英、蒲公英、药用蒲公英等很多种。将山蒲公英、蒲公英等本土蒲公英（此处的“本土”指韩国本土）与药用蒲公英做对比可以发现，本土蒲公英的总苞是朝上的，包裹着花。而药用蒲公英相反，总苞是向下翻的。本土蒲公英需要昆虫帮助完成授粉，形成种子，而药用蒲公英不需要其他花的花粉也能结出种子，所以更易于繁殖。除此之外，本土蒲公英是夏天结出种子，然后进入夏眠，而药用蒲公英能从夏天到秋天一直开花。

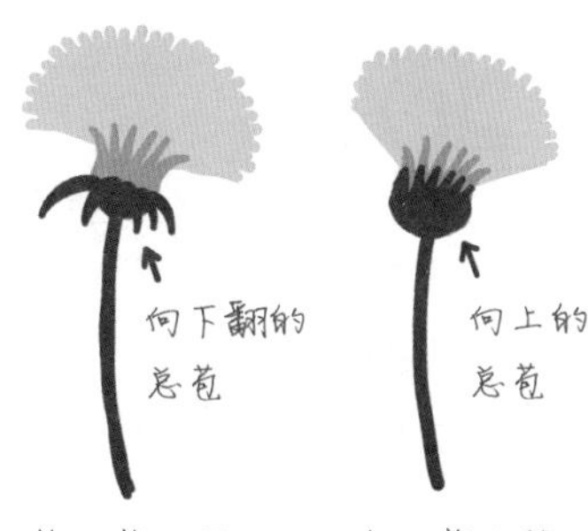

神奇的知识：刚才不是说过药用蒲公英不需要其他花的花粉也能结出种子吗？也就是说它可以自花授粉！所以就算是把药用蒲公英的花蕾切成两半，它也能够结出种子哦！

美味小知识：以前药用蒲公英的根是咖啡的替代品。把根放进烤箱，烤制变黑之后，研磨后用开水沏开，味道和咖啡非常相似。其实就是香浓的蒲公英根茶。

森林是怎样形成的？

正在看新闻
大规模山火
树木全都被烧光的荒山以后会怎样呢？
还能再长出森林吗？
虽然很艰难，但是是可以的。

经历过像山火这样的严重自然灾害的地方会变成没有动物栖息的荒地。当然，可能一时间会变成一片贫瘠的荒地，好像再也无法变回森林了……
嗖——
但事实上，大自然是有恢复原样的能力的。就像弹簧一样！
按下去！
重新弹回原来的样子！

空旷的土地上最先长出的是苔藓。然后嫩草会在荒山上逐渐蔓延，让土地变得肥沃，那些在贫瘠的土地上也能生长的树木会慢慢生长起来。
这种植物群落随着环境的变化而变化的现象叫“迁徙”。
最后，在阴凉处也能生长的树木们形成郁郁葱葱的丛林。这种丛林叫“顶极群落”。

在空旷的荒地上最先长出的植物统称为“先锋植物”。
就是现在！率先占领！
艾草
艾糕的原材料艾草就是“先锋植物”之一。
芒
虎杖
据说荒山还林需要差不多200年！
200年？
老年橡果……
到老我也看不到现在烧光的那座山重新长出茂密丛林的样子了啊?!
没错。不光是荒山还林，让那些曾经生活在那里的昆虫和动物重返家园，也需要很长的时间。
这么小的树根本没法住啊！
当然，多种树确实能够让烧光的山快一些恢复原来的样子，但是最重要的还是要珍惜和爱护现有的森林，对不对？
真是惨痛的教训啊……

问荆 *Equisetum arvense*

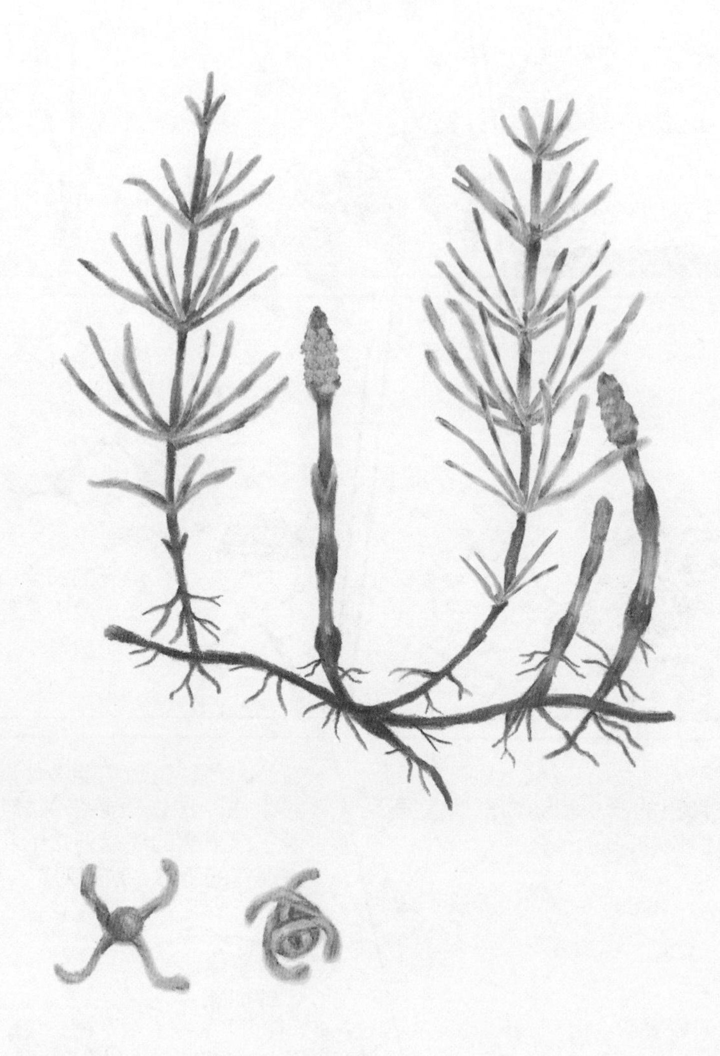

· 木贼科多年生植物　　　　　　· 花期：4—5月（孢子时期）

· 生长环境：农田附近，学校运动场主席台下面

韩语中称问荆为“牛拔草”，关于这个名字的由来有很多种说法。有人说是因为牛很喜欢拔这种植物吃，还有一种说法说这个名字与另一种像问荆一样一段一段的植物“木贼”有关。但事实上牛并不喜欢吃问荆，确实有点儿让人不解。

特征：不喜欢问荆。

植物的特征：问荆属于不开花、以孢子繁殖的“蕨类植物”。每到初夏，没等连翘开花，传播孢子的生殖枝就已经形成，然后长出能够进行光合作用的营养枝。问荆长出地面的部分只有20厘米，但根在土壤中却能扎得很深，最深能够达到地下16米的深度。

神奇的知识：问荆是一种可以体现土壤状态的“土壤性质指示植物”。问荆比较多的地方，说明这里的土壤受农药和肥料的影响较大，呈酸性。因为问荆与其他植物不同，在酸性土壤中也能长得很好。另外，问荆能够吸附黄金，所以问荆也是一种能够帮助勘测金属矿藏的植物。

有趣的知识：问荆的祖先其实是能长到15米高的大型植物，曾经是恐龙的食物。从恐龙时代到现在，问荆经历了非常严峻的环境变化才存活下来。甚至在因为原子弹爆炸变成了废墟的日本广岛，最先发芽的植物也是问荆。问荆的生命力就是如此强大。

马齿苋 *Portulaca oleracea*

· 马齿苋科一年生植物　　　　　· 花期：5—8月

· 生长环境：田垄，无人打理的空地周边，路边

马齿苋的属名“*Portulaca*”源于拉丁文中表示出入口、门的“*porta*”。马齿苋的果实成熟后，上面部分裂开，种子向外涌出的样子像极了敞开的门，所以才有了这样的属名。

植物的特征：茎顶端的小花只开一天，早上开花，到了晚上就会凋谢。折一条长着叶子的枝条，就可以进行插条繁殖，当然也可以通过种子繁殖。马齿苋在极度干燥炎热的地方反而会结出更多的种子，一株植物上最多能结出24万颗种子。不仅如此，种子的寿命可以达到30年！另外，马齿苋能够大量吸收大气中的二氧化碳。

有趣的知识：中国的神话故事中说，太阳本来有十个，十个太阳同时升起，所有的植物都晒死了，勇猛的后羿用弓箭将太阳一个一个射了下来。而最后一个太阳躲在了马齿苋的后面才躲过了一劫。为了感谢马齿苋，太阳给了它能够抵御干旱的本领，很有意思吧？所以马齿苋也叫太阳草、报恩草。

健康小知识：马齿苋有利尿的功效，所以也是有名的药材。希腊克里特岛的原住民在4000年前就已经开始用马齿苋做沙拉吃了。可能是因为这样，这个岛上很少有人患肾脏和血管疾病。大自然中的万物果然都有自己的作用。

狼尾草 *Pennisetum alopecuroides*

· 禾本科多年生植物 · 花期：8—9月

· 生长环境：路边角落，公园，屋顶花园

狼尾草与知风草是“亲戚”，但相比之下更加坚韧，所以韩语中称它为“雄性知风草”。

植物的特征：狼尾草的高度是30～120厘米，即便是在人来人往、被踩踏得很结实的路上也能生长。因为根部密密麻麻的，所以狼尾草也会成片生长。狼尾草是禾本科植物，所以穗子也会在稻子成熟的9月开放，但却不会像稻子一样低下头。花下面的总苞通常是很深的紫红色，如果总苞是红色的就叫红狼尾草，是绿色的就叫青狼尾草，如果是白色的呢，就叫白狼尾草。

有趣的知识：“结草衔环”这个成语你听说过吧？其中“结草”就是指用扎起来的草报恩，寓意着死后也不忘报答恩德。这里的草其实说的就是狼尾草。传说中讲道，用草扎成的结绊倒了敌军，可见狼尾草有多么结实。

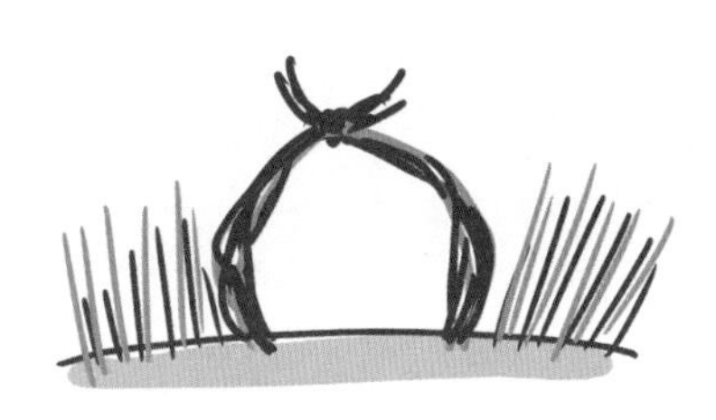

需要注意的知识：狼尾草的种子很容易黏附在毛衣上，而且很难去除，越是想要拔掉就会嵌得越深。尤其是遛宠物的时候，很容易弄到宠物的脚上，要格外小心。

五月艾 *Artemisia indica*

· 菊科多年生植物　　　　　　　· 花期：7—9月

· 生长环境：向阳的空地，阴凉处

艾草是人类认识和使用较早的药物，中国现存最早的医学典籍《黄帝内经》就提到了它。

植物的特征：之前不是说过荒地上最先生长，为其他生命体创造生长环境的植物叫“先锋植物”吗？艾草就是其中比较具有代表性的植物。即便是其他植物都无法生长的环境，艾草也能茁壮成长。

有趣的知识：五月艾的属名“*Artemisia*”源自希腊神话中负责保护少年男女、帮助分娩的女神阿耳忒弥斯（Artemis）的名字。艾草有暖身的功效，特别是对女性的身体大有益处，在西方，艾草也被认为是对女性非常有益的植物。在韩国的神话中，也有熊吃了一百天的艾草和大蒜变成人的传说。东西方神话中都有艾草，足可见艾草真的是一种非常有意思的植物。

美味小知识：将艾草的嫩叶捣碎做的艾草年糕和大酱汤，真的超级美味。粳米粉和白糖做成的甜甜的艾米粉蒸糕是很多人的最爱。摘掉了嫩叶会不会影响艾草生长？不用担心，艾草的嫩叶会一直噌噌地往外冒，直到秋天呢。而且，艾草的茎会越来越硬，成熟的艾草就不能吃了。

植物播种的方法

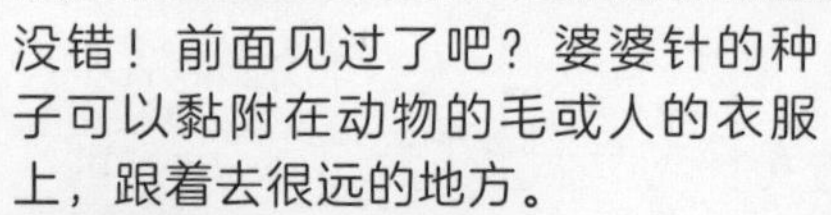

没错！前面见过了吧？婆婆针的种子可以黏附在动物的毛或人的衣服上，跟着去很远的地方。

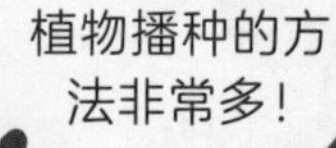

最常见的方法是通过粪便，也就是动物的屉屉。比如苹果树，动物吃掉了树上的果子，种子再通过粪便排出，这样播种就完成啦。

种子的外皮非常坚硬，就连包在里面的营养元素都能被保护得非常好。

还有像枫树、香蒲和蒲公英一样依靠风传播的种子。

还有的种子会趁着荚炸开的时候，跳到很远的地方。

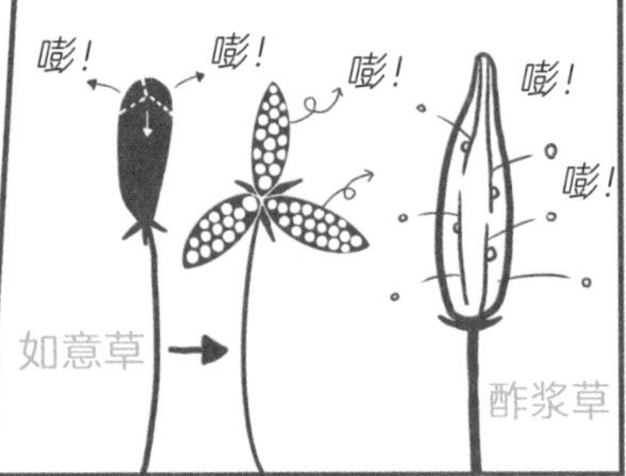

如意草的种子表面附着着蚂蚁很喜欢的一种物质——油质体，蚂蚁们为了一饱口福，便会把种子搬到其他的地方。

芣苢会扎在人或者自行车上，种子就会被鞋子或者轮胎带到其他的地方。

斑地锦草 *Euphorbia maculata*

· 大戟科一年生植物　　　　　· 花期：6—8月

· 生长环境：道路砖缝里，花坛角落

斑地锦草和另外一种叫地锦的植物很相似。这种植物会紧紧地贴着地面生长，叶子很像臭虫。斑地锦草的躯干比地锦的更小。

植物的特征： 植物都是通过光合作用来合成营养物质的，所以大部分植物都会尽量舒展地生长，让自己能够最大面积地吸收阳光。但斑地锦草却与其他植物不同，它往往会选择道路砖缝，且紧贴着地面生长。在那些大型植物因为人们来往践踏而无法生长的地方，斑地锦草却能存活，尽情享受阳光。

神奇的知识： 斑地锦草完全不需要用非常华丽的花朵来装扮自己。你问我为什么，因为斑地锦草是贴着地皮生长的，所以勤劳的蚂蚁在地面上来来往往的过程中就可以带走花粉。所以完全不需要用华丽的花纹来引诱其他昆虫。

健康小知识： 斑地锦草有止血杀菌的功效，所以从很久以前开始，被蛇咬或是身上有了伤口的时候，人们就会在伤口上涂抹斑地锦草的白色黏液，或是用斑地锦草熬药服用。最近有研究表明，斑地锦草可以用来修复受紫外线损伤或是雾霾损伤的皮肤，所以逐渐被用于化妆品当中。另外，据说斑地锦草中的皂角苷、类黄酮成分对治疗癌症也有明显的效果。

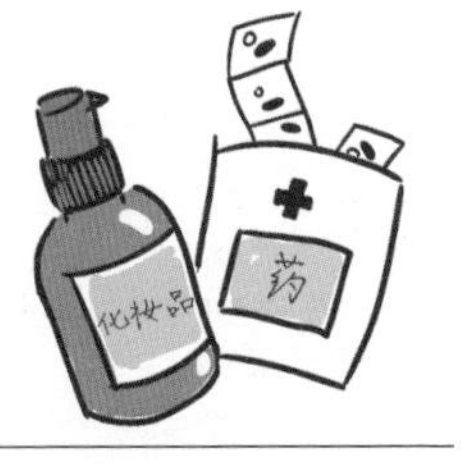

白屈菜 *Chelidonium majus*

· 罂粟科多年生植物　　　　· 花期：5—8月

· 生长环境：路边，阴凉处的空花坛，潮湿的空地

植物的叶子或者茎破损的时候会流出黄色的液体，像极了宝宝黄色的便便。白屈菜在韩国象征着“妈妈的爱和心意”。传说燕子的妈妈为了让小燕子恢复视力，会给小燕子的眼睛涂抹白屈菜的黄色黏液。

有趣的知识： 以前孩子们会用白屈菜染手指甲，但事实上皮肤比指甲更容易被这种黄色液体染色。因为这种特殊的性质，白屈菜也是染布的天然染料。将白屈菜洗净，整株放在水里熬煮，然后将布料放进煮出来的黄水中就可以染色了。

健康小知识： 白屈菜有止痛的功效。将茎和叶子捣碎后涂抹在伤口处，可以止血镇痛。得了脚气或者被虫蜇咬，也可以涂抹白屈菜。然而，白屈菜不只是药，也是毒！不都说，药、毒本是一家嘛！

需要注意的知识： 白屈菜是罂粟科植物，所有罂粟科植物的茎划破后都会流出黏液。这种黏液中包含很多种化学物质，为了保护自己不受天敌的迫害，会有一定的毒性。对人也很可能会造成伤害，所以不要随便食用这些植物。大量服用白屈菜会造成晕眩、头痛，甚至四肢麻痹。也不要给小动物吃哦。

水蓼（liǎo） *Persicaria hydropiper*

· 蓼科一年生植物　　　　　　　· 花期：5—9月

· 生长环境：河流周边，有小溪的登山路

韩国的部分地区称水蓼为“辣子精”“辣椒把儿”，英语中又称它作“water pepper”（长在水里的辣椒），可见水蓼真的辣味十足。

有趣的知识：很久以前，人们曾利用水蓼的毒性来捕鱼。在水中滴入水蓼汁液，鱼就会因为中毒而短暂晕厥从而浮上水面，这样就可以将它们捕获了。

健康小知识：水蓼这种植物可是具有双重面孔的哦！之所以这样说，是因为它既有毒性，又有药性。水蓼有止血的功效，所以常被涂抹在伤口上。在越南，被蛇咬伤的时候就会把水蓼的根和叶子捣碎后敷在伤口上。也曾被用作驱虫剂。科学家研究表明，水蓼具有抗菌、消炎等十余种功效，所以利用水蓼的有效成分制作医药品和化妆品的研究一直在持续进行。

美味小知识：在韩国，人们会用水蓼制作美味的拌菜，或是将水蓼作为给料理中增添辛辣口味的调味料。将毒性比较小的嫩叶焯水后，泡在水里一天就可以吃了。水蓼还曾被用来当酒曲（酿酒的时候使用的发酵剂），将糯米泡在水蓼汁里，一天后捞出，再将糯米磨成面粉和面，酒曲就做成了。水蓼有抗菌的功效，应该能够阻止其他杂菌的繁殖吧？

东北堇菜 *Viola mandshurica*

· 堇菜科多年生植物　　　　　　· 花期：4—5月

· 生长环境：荒废的花坛，积满灰尘的角落，向阳的空地

韩语中称东北堇菜为“燕子花”，有人说是因为花的形状像燕子，也有一种说法说是因为东北堇菜在燕子来的时候开花，所以才有了这个名字。

植物的特征：虽然紫色的小花只会在春天开放，但其实直到秋天东北堇菜都会开花，因为东北堇菜会在夏天完成自花授粉后结出果实，开闭锁花。所以虽然用眼睛很难看清楚，但却可以从夏天开始观察果实，直到秋天。还记得前面介绍酢浆草的时候说过，它是靠蚂蚁播种的吗？东北堇菜也是一样，播种也依靠蚂蚁帮忙哦。

神奇的知识：花上有一个像小帽子一样凸出来的部分，叫作“距”，“距”里面有蜜腺。昆虫为了吃花蜜，会潜入花瓣深处，所以昆虫的身上和雌蕊柱头上就会粘上很多花粉，授粉自然就顺利完成了！但也会有一些昆虫，穿透花瓣吃完花蜜就走。为了对付这些厚脸皮的虫子，花朵上“距”的壁会比花瓣厚一些，蜜腺的位置也会发生变化。

蜜腺

有趣的知识：韩语中为什么还会称东北堇菜为“戒指花”呢？因为用东北堇菜可以制作戒指。将花连花梗摘下，在“距”上剪一个小洞，再把花梗的另一头插进去，这样戒指就做好啦！

①

②

③

④
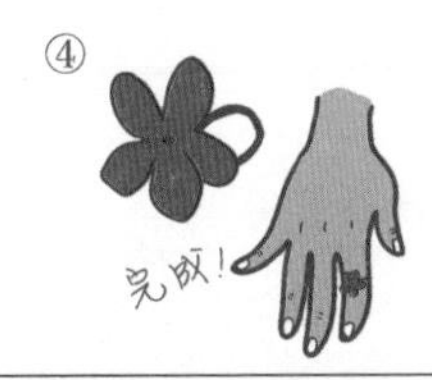

诱惑昆虫的植物

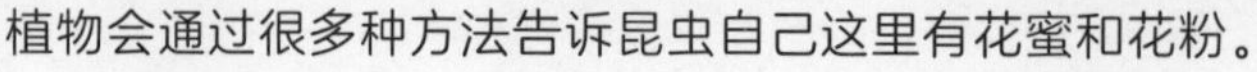

植物会通过很多种方法告诉昆虫自己这里有花蜜和花粉。

或者展现颜色绚丽的花瓣。

有花蜜的地方也会用花纹来做标记。因为是用来指引昆虫们找到花蜜的，所以这些花纹被称作“蜜导”（honey guide）。

这种战略非常了不起吧？但是这种方法其实也有缺点。昆虫们可能会把其他植物的花粉一同带过来，导致授粉不能成功。

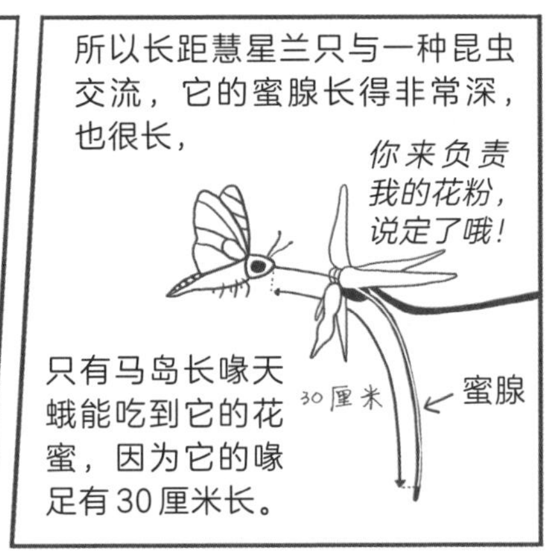

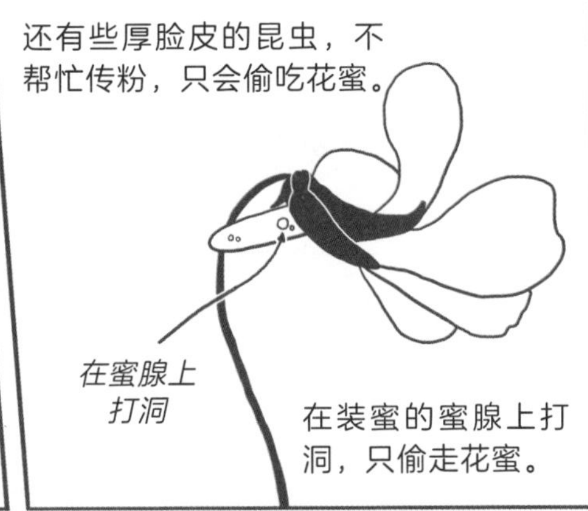

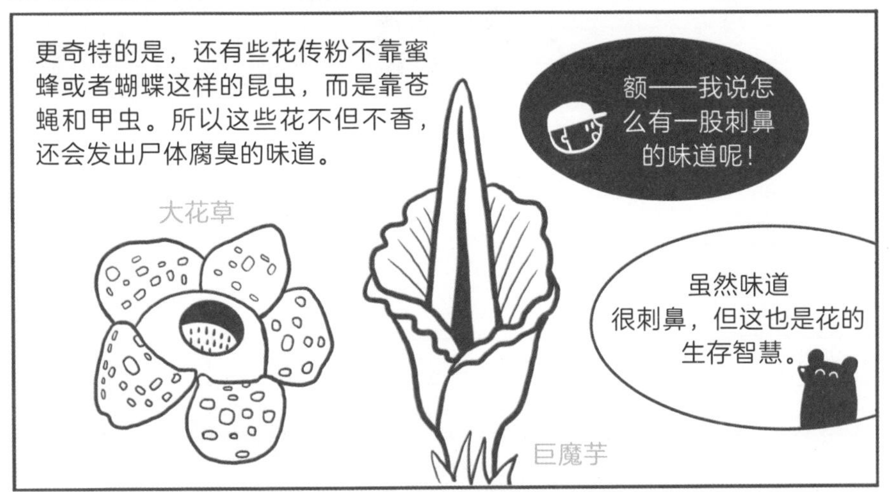

通泉草 *Mazus pumilus*

· 通泉草科一年生植物　　　　　· 花期：4—10月

· 生长环境：墙根下，花坛角落，路边潮湿的角落

韩语中称通泉草为“有皱纹的树叶”，应该就是因为叶子上看起来有很多褶皱，所以才有了这样的名字吧。越是温度低的地方，叶子就皱得越厉害。

植物的特征：紫色的小花外形像极了乌贼，翻开小花上面的花瓣能够看到一个雌蕊和四个雄蕊，雄蕊两两相连，像蝴蝶一样。通泉草是一种非常顽强、有韧劲的植物，即便被踩踏，也不容易死。花期从春天一直延续到秋天，会一直开花，所以能一直播种，种子成熟之后会长出像胶囊一样的果实，果实里能迸发出几百个种子。

神奇的知识：通泉草的花上有能够将昆虫引向花朵深处的黄线（蜜导）。昆虫沿着黄线进入花中的同时，身上会粘上花粉，这样就可以帮助通泉草传粉了。为了感谢这些帮助传粉的昆虫，通泉草花下面的花瓣长成了长长的跑道的样子，这样就方便昆虫们起落啦。

通泉草也是一种指示植物，你知道它能够指示什么吗？因为它喜欢生长在湿润的角落，所以有通泉草生长，说明这里的土地湿润，适合植物生长。

爵床 *Justicia procumbens*

· 爵床科一年生植物　　　　　　　· 花期：7—9月

· 生长环境：路边的花坛，林荫下的花坛，草坪，山脚下

韩语中称爵床为“像老鼠尾巴的荞草”，据说是因为花序的样子很像老鼠的尾巴，所以才有了这个名字。

神奇的知识：爵床的花和我们前面介绍的通泉草的花有很多相同之处。花瓣上下裂开，下面的那片花瓣更宽更大，非常适合昆虫着陆。“喂！这里有蜂蜜哦！”还有指引昆虫的蜜导也很相似。爵床的蜜导是白色的花纹哦！昆虫跟着向导进入花朵深处之后，上面的花瓣就会盖住昆虫，这样昆虫的身上就能粘上更多的花粉了。

健康小知识：爵床有止痛的功效。所以从很久以前开始，人们就会将盐和生爵床捣碎，涂抹在关节痛或者肌肉痛的患处。爵床也被用来治疗感冒和哮喘，据说在很久以前的中国，还曾用它做眼药。

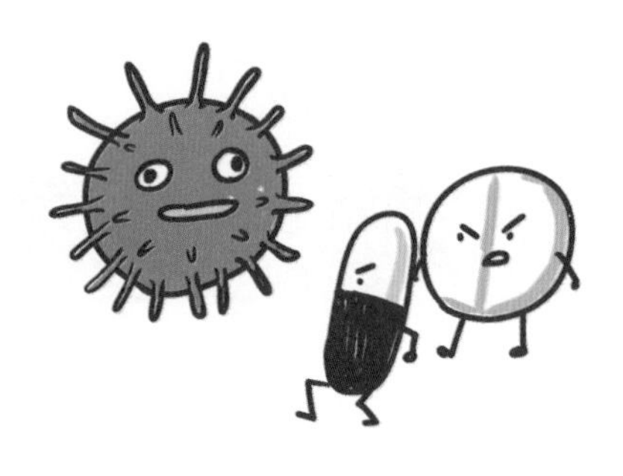

美味小知识：爵床的种子是小鸟的食物，但据说爵床种子磨碎成粉之后，人也可以吃哦！嫩叶可以做拌菜，或者和艾草、苍耳叶、马齿苋混在一起煮来当茶喝也可以。

车前 *Plantago asiatica*

· 车前科多年生植物　　　　· 花期：4—8月

· 生长环境：人行道砖缝，空地，住宅附近的石头缝

韩语中称车前为“路边生长的草”，据说是因为这种植物生长在路边。车前在不同的地方有不同的叫法。

植物的特征：即使是环境恶劣的路边，车前也能生长。叶子中富含纤维，所以不容易被撕破。车前的种子里含有一种由二糖类构成的成分，遇水就会变得有黏性，所以比较容易粘在鞋子或者动物的身上被带到很远的地方。

有趣的知识：相传汉朝有位叫马武的将军，有一次出战路过一片荒漠。兵士和马匹因为饥渴缺水出现了尿血的症状，接连倒下。但不知为什么，有几匹马却安然无恙。后来才知道原来是因为吃了马车前的野草。那个野草就是车前，因为长在车前，所以才有了“车前”这个名字。

健康小知识：车前中含有丰富的消炎物质，所以很久以前就被当作药材来使用。特别是在腹痛或者积食的时候，人们会将车前的根榨汁服用。另外，最近车前种子的皮（车前子壳）也被用来治疗便秘。

美味小知识：车前在旱灾和烈日下也能很好地生长，所以在收成不好的荒年，车前也曾经是人们的食粮。柔软的叶子和茎可以做拌菜或是熬汤的食材，鲜叶子也可以做包饭的叶子，或是晒干后存到冬天再吃。车前的种子可以榨油，下荞麦面的时候加入这种油能够增加面的韧劲，面条不容易断。

秋英 *Cosmos bipinnatus*

· 菊科一年生或多年生植物　　　· 花期：6—8月

· 生长环境：学校花坛，公园，城市各处

秋英的属名 “*Cosmos*” 是从拉丁文中表示装饰的 “*kosmos*” 演变而来的。应该是因为漂亮的秋英容易让人联想到装饰吧？韩语中也称它为“轻轻的草”，秋风中轻轻颤抖的秋英，是不是很有画面感？

植物的特征： 秋英能长到1～2米高，什么？你见过个子矮小的秋英？那应该是长得比较小的其他品种的秋英吧，或者是花盆太小了所以长得小的秋英。

神奇的知识： 在韩国，秋英通常在秋天开花。过了白天最长的夏至之后，夜晚就会逐渐变长，秋英能够感知到夜晚变长，开始做开花的准备，所以才会在夜晚越来越长的秋天开花。像秋英这种白天变短的时候开花的植物叫“短日植物”。

有趣的知识： 给秋英起学名的人是做什么工作的？是一位神父哦！秋英的家乡是墨西哥，在墨西哥第一个看到秋英的探险家将种子带到了西班牙，交给了神父安东尼奥·何塞·卡瓦尼尔斯（Antonio José Cavanilles）。这位神父非常有名，他可是一位给100余种植物起了学名的植物学家呢。

与植物打交道的职业
熊！我决定了！
悲壮
什么？？
我也要像熊博士一样，从事关于植物的职业。

哇！这真是个让人高兴的决定！但是你具体想从事什么职业呢？与植物相关的职业有很多很多呢！
什么？除了植物博士之外还有其他的职业？
当然了！

培育花或者粮食的农夫
设计园林的造景师
4
植物学科的老师
研究植物成分或种类的研究员，或者是园艺师除了这些以外，还有很多种职业，但是……

时下有个词，叫“N job”，我既是园艺师，又是老师，也是研究员！还会定期发表一些关于植物的文章。

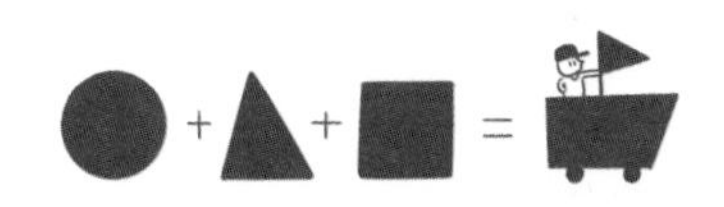

与其去迎合职业，努力去从事某种职业，倒不如将自己喜欢的、擅长的变成自己的职业，不是吗？

那我喜欢画画，又喜欢植物，就做一个植物漫画家吧！还有，我还要继续像现在一样跟着熊博士一起去植物探险！

好酷的想法！
那我们给彼此加油吧！

阿拉伯婆婆纳 *Veronica persica*

· 车前科二年生植物　　　　　　· 花期：3—5月

· 生长环境：向阳的地方，空花坛，矮花坛的边缘角落

阿拉伯婆婆纳的果实好像在中间裂开的圆圆的小口袋，形状与大型犬的阴囊相像。但它的花像蓝色的星星一样，好看极了。在西方，人们觉得阿拉伯婆婆纳的两个雄蕊很像鸟的眼睛，所以叫它“birdeye”。

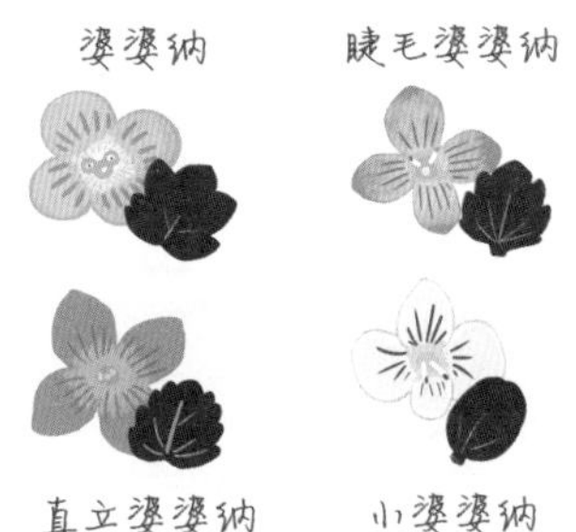

植物的特征：生长在韩国的婆婆纳有5种，而只有婆婆纳是韩国本土品种。另外还有直立婆婆纳、睫毛婆婆纳、阿拉伯婆婆纳以及小婆婆纳4种，它们都来自国外。

有趣的知识：“因为太开心，所以大声地说出……花儿天蓝色的脸庞因为害羞变得更薄了”，这是诗人李海仁的诗《春燕花》的一部分。这里说的“春燕花”指的就是阿拉伯婆婆纳！就像告知春天来了的燕子一样，阿拉伯婆婆纳在早春开花，仿佛在告诉我们春天已经到来，名字是不是非常贴切？所以在韩国，大家都知道它叫“春燕花”。在英国的某个地方，有一种迷信的说法，说如果摘了阿拉伯婆婆纳，就会被鸟啄去眼睛，是不是真的呢？信不信由你咯。

健康小知识：嫩叶可以做拌菜吃，花在阴凉下晾干后可以用来泡茶。在欧洲，人们曾经用它来缓解鼻塞、眼睛刺痛、肌肉疼痛等症状，还有消炎的功效。

苍耳 *Xanthium strumarium*

· 菊科一年生植物　　　　　　　　· 花期：7—8月

· 生长环境：大公园周围的步道，居民区后山

苍耳可祛风散热，解毒杀虫。苍耳种子可以榨油，制作油漆和油墨。

植物的特征： 韩国生长着苍耳、东苍耳和刺苍耳3个品种，目前最常见的是无论在湿润、干燥还是荒芜的土地环境下都能够生长的东苍耳。

神奇的知识： 将东苍耳的果实掰开，你会发现里面有两个种子。神奇的是，两个种子的大小却不一样。养分更多的大种子会在土地中先发芽，而小一点的种子却不会很快发芽，似乎是怕会有危险降临，在等待时机。可以说这是东苍耳为生存设置的安全保障机制。

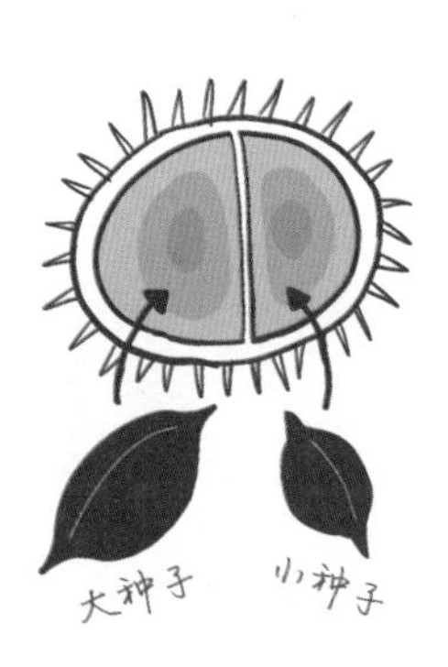

有趣的知识： 东苍耳的果实是椭圆形的，果实表面的刺像一个个尖尖的钩子，所以常常会在不被人发觉的情况下粘在人们的衣服上。瑞士的一位发明家看到猎犬身上粘满了苍耳果实，便由此得了灵感，发明了尼龙粘扣。尼龙粘扣由一面带小钩子的织物和另一面带小毛绒圈的织物组成，一贴即合而且不容易分开。这种从生物特殊的形状或特征中得到启发，发明出生活中非常有用的物品的技术叫作“仿生技术”。

白车轴草 *Trifolium repens*

· 豆科多年生植物　　　　　· 花期：5—10月

· 生长环境：草地中，花坛旁，空地

韩语中称白车轴草为“兔子草”，据说是因为兔子很喜欢吃这种草，所以才有了这个名字。象征幸运的四叶草你听说过吧？就是“四叶 clover”，这里的“clover”指的就是白车轴草。白车轴草的花语是“幸福”，所以即使没有找到四叶草，也不用太伤心！

植物的特征：白车轴草的花毛茸茸的，是很多小花长在一起形成的看似一朵的一大团花。率先完成授粉的花也不会掉落，而是悬挂在下面，让整团花一直看起来都很大。纤长的茎在地面上匍匐生长，每一节上都会长出叶子和花。

神奇的知识：白车轴草是豆科植物，具有非常强的吸收氮的功能，所以能使土地变得肥沃。因此农夫们也会为了改善土壤环境种植白车轴草，这种作物叫作“绿肥作物”。你知道吗？如果在圆白菜的周围种上白车轴草，能够吸引黄蝶的幼虫，这样就能够保护圆白菜不被虫咬了，不用打农药就能种圆白菜。

有趣的知识：在没有发明塑料泡沫之前，日本出口玻璃碗的时候，为了防止碗破碎，都是用晒干的白车轴草的花来代替塑料泡沫的。

需要注意的知识：叶子的白色纹路上有一种叫作“氰化钾”的有毒物质，蛞蝓（kuòyú）或者蚂蚱这样比较小的动物吃了会引起神经错乱，所以注意不要把带有白色纹路的白车轴草叶子给小动物吃哦！

藜 *Chenopodium album*

· 苋科一年生植物　　　　　　· 花期：6—7月

· 生长环境：学校菜地附近，大片荒地

藜顶端最新长出来的叶子是红色的，而白藜的新叶是白色的，所以叫白藜。

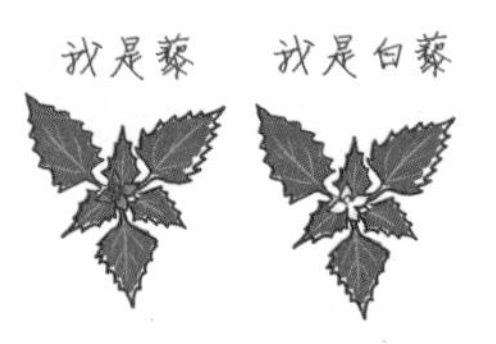

植物的特征： 一株白藜能够结出20万颗种子，而一株藜却能结出30万颗种子。白藜种子的寿命长达30年。相传挖掘出的1700多年前的青铜器时代的藜的种子也发出了嫩芽，可见藜的生命力非常顽强，是世界上传播面积最广的植物之一。藜在贫瘠的土地上能够长到5厘米左右，但是在适合生长的环境中能长到1米多，而且能够结出更多的种子。

有趣的知识： 青藜杖是指用藜的茎做成的拐杖。用这种植物的茎做成的拐杖既轻便又结实，是一种非常适合送给老年人的礼物。在韩国，每年的10月2日是老人节，百岁老人们都会收到一根青藜杖作为礼物。

美味小知识： 在西方，人们曾用藜来制作面包或熬粥。在东方，人们曾将藜作为旱田作物栽培并食用。将嫩叶焯水，用大酱拌着吃特别美味，种子也曾是非常好的应急储备粮。

植物探险结束了……
一起探险感觉怎么样？
太开心了，还学到了
很多知识！
我竟然都不知道我们周
围生长着这么多种植物。
在那些看不见的地方，
植物们都努力地生长着，
我之前都没有发现。
托你的福，让这住了很
久、早就没有新鲜感的
社区变得特别了起来。

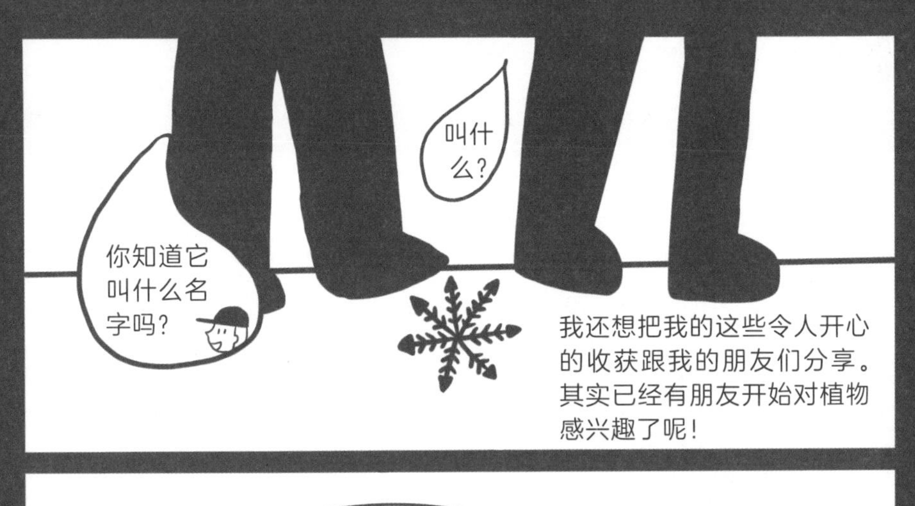

关于植物,如果你有什么疑问,欢迎来找植物熊博士!今后我们一起去探索有趣的植物世界吧!

再见!

索引

竟然在路边也坚
强地活了下来，植物
们真的很了不起！

推荐语

有一种宝物，像是被施了魔法一样，只有被准确叫出名字的时候才会现身。看似空旷的公园、花坛、步道，其实隐藏着各式各样有趣的东西，丰富得令人吃惊。每个人的心中都有一张网，这本书能够帮你将心网编制得更加密实，知识就会像闪着光的亮片，落在每一个网格上。

——郑世朗（小说家）

将如此深奥的植物世界用这么简单明了的形式传达出来，真的太神奇了！这真的是一本内容丰富又易懂的植物说明书。读过这本书之后，相信你会时常驻足欣赏路边那些之前完全没有留意过的草木花朵，能够帮助你认识另外一个自己。

——李昭荣（植物微缩画家）

有位诗人说过，就像歌里唱的那样，这个世界需要仔细看才能发现它的美丽，需要一直观察才能发现它有多可爱。好的东西虽然很难找，但是小的、可爱的东西却不难发现。去到户外，俯下身去，你会发现有很多可爱的东西就在身边，那些身材娇小的野花和绿油油的嫩芽，会接连映入眼帘。请和《城市植物探险队》一起去发现身边的这些小可爱。那些曾经无名的杂草会嗖的一下钻进你的心里，然后开出饱含心意的花，相信我，那真的是一种绝妙的体验。

——李银禧（科学作家）

园艺学专业的作者们通过这本书为我们送来了春天的消息。虽然是一本儿童读物，但是成人也能够在这本书中获得很多的启发。是不是可以跟书中介绍的植物们制造一次邂逅，读着读着真想马上就出去散散步。

——金完纯（首尔市立大学环境园艺学教授）